高等院校土建专业互联网+新形态创新系列教材

暖通空调设计

常　莉　张振迎　编

清华大学出版社
北　京

内 容 简 介

本书基于现行暖通空调设计标准，立足于当今社会进步、科技发展，系统地阐述了暖通空调设计的理论、方法等。

本书共分 7 章。第 1 章介绍暖通空调的含义及其工作原理、暖通空调的分类及暖通空调的零部件。第 2 章介绍建筑制图设计基础，包括施工图的分类及组成、建筑图和结构图的识图方法。第 3 章介绍空调施工图设计。第 4 章介绍管道与阀门设计、剖视图与断面图、管道轴测图等工程管道设计内容。第 5 章介绍建筑采暖系统的概念和分类、采暖系统施工图、蒸汽采暖系统、散热器与采暖管道等内容。第 6 章介绍空调通风系统设计。第 7 章介绍建筑燃气系统设计。

本书既适合作为建筑电气与智能化、建筑环境与设备专业的暖通空调课程教材，还可供从事相关专业工程设计、施工或监理的工程技术人员参考。

图书在版编目(CIP)数据

暖通空调设计/常莉，张振迎编著. —北京：清华大学出版社，2023.9
高等院校土建专业互联网+新形态创新系列教材
ISBN 978-7-302-64607-5

Ⅰ. ①暖… Ⅱ. ①常… ②张… Ⅲ. ①采暖设备—建筑设计—高等学校—教材 ②通风设备—建筑设计—高等学校—教材 ③空气调节设备—建筑设计—高等学校—教材 Ⅳ. ①TU83

中国国家版本馆 CIP 数据核字(2023)第 168574 号

责任编辑：陈冬梅
装帧设计：刘孝琼
责任校对：李玉茹
责任印制：刘海龙
出版发行：清华大学出版社
网　　址：https://www.tup.com.cn, https://www.wqxuetang.com
地　　址：北京清华大学学研大厦 A 座　　邮　　编：100084
社 总 机：010-83470000　　邮　　购：010-62786544
投稿与读者服务：010-62776969, c-service@tup.tsinghua.edu.cn
质量反馈：010-62772015, zhiliang@tup.tsinghua.edu.cn
课件下载：https://www.tup.com.cn, 010-62791865
印 装 者：三河市龙大印装有限公司
经　　销：全国新华书店
开　　本：185mm×260mm　　**印　张**：10　　**字　数**：243 千字
版　　次：2023 年 11 月第 1 版　　**印　次**：2023 年 11 月第 1 次印刷
印　　数：1～1200
定　　价：32.00 元

产品编号：089190-01

前　言

随着我国经济建设的高速发展和人民生活水平的不断提高，采暖、通风和空调技术得到了快速发展和广泛应用，国内设计、制造、安装和管理水平已经达到甚至超过发达国家或地区水平。同时，新型的技术和产品不断出现，产品也不断向绿色节能环保目标改进，这一切都对该专业的人才培养提出了更高的要求。

为适应培养21世纪高素质复合型人才的需要，以培养卓越工程师的基本素质为目标，作者总结了多年来的教学实践经验，同时结合国内外暖通空调领域的工程经验及相关新技术情况，力求在编写中做到基本概念与基础理论叙述严谨，知识体系条理清晰，理论与实践结合紧密，在叙述风格上做到深入浅出、融会贯通，有利于学生理解和掌握。

本书共 7 章，对暖通空调工程领域的理论和实用技术进行了全面详细的阐述，介绍了采暖、通风和空调各系统的结构组成及工作原理，具体说明了各系统的分类及性能特点。

第 1 章介绍暖通空调的含义及其工作原理、暖通空调的分类及暖通空调的零部件。

第 2 章介绍建筑制图设计基础，包括施工图的分类及组成、施工图和结构图的识图方法。

第 3 章介绍空调施工图设计，包括空气处理和消声减振、空调工程设备图例、空调工程图图纸内容和识图等。

第 4 章介绍管道与阀门设计、剖视图与断面图、管道轴测图等工程管道设计内容。

第 5 章介绍建筑采暖系统的概念和分类、采暖系统施工图、蒸汽采暖系统、散热器与采暖管道等内容。

第 6 章介绍空调通风系统设计，包括通风形式、通风系统常用设备及构件、空调建筑的防火排烟、通风设备图的表示方法和通风施工图识读等内容。

第 7 章介绍建筑燃气系统设计，包括燃气设备的工作原理、建筑燃气设备图、燃气用具和建筑燃气设备图的识读。

附录分别给出了《暖通空调制图标准》（GB/T 50114—2010）和《汽车库、修车库、停车场设计防火规范》（GB 50067—2014）的相关内容。

本书由华北理工大学的常莉、张振迎老师编著，其中，第 2、4、5、6、7 章由常莉老师编写，第 1、3 章及附录由张振迎老师编写整理。参与本书编写及校对工作的还有张晓波、魏蓉等，在此一并表示感谢。

由于作者水平有限，疏漏之处在所难免，敬请广大读者批评、指正。

编　者

目　录

第1章　绪论......1
1.1　暖通空调的含义及其工作原理......1
1.1.1　暖通空调的含义......1
1.1.2　暖通与空调系统的工作原理......3
1.2　暖通空调的分类......4
1.2.1　按建筑环境控制对象与功能分类......4
1.2.2　按承担室内负荷所用的介质分类......5
1.2.3　按空气处理设备集中程度分类......5
1.2.4　按用途及服务对象分类......7
1.2.5　以建筑内污染物为主要控制对象的分类......7
1.3　暖通空调制冷与电气系统......8
1.3.1　制冷系统零部件......8
1.3.2　电气系统零部件......13
第2章　建筑制图设计基础......21
2.1　施工图的分类及组成......21
2.2　建筑工程施工图符号及图例说明......22
2.2.1　剖切符号......22
2.2.2　索引符号与详图符号......23
2.2.3　引出线......23
2.2.4　定位轴线......24
2.2.5　总平面图图例......27
2.2.6　常用建筑材料图例......31
2.2.7　常用构件代号......33
2.3　建筑图和结构图的综合识图方法......34
2.4　识图的注意事项......35
第3章　空调施工图设计......37
3.1　空气处理和消声减振......37
3.1.1　处理空气......37
3.1.2　输送空气......39
3.1.3　分配空气......40
3.1.4　减振构件......41
3.2　空调工程设备图例......41
3.3　空调工程图图纸内容和识图......42
3.3.1　空调工程图图纸内容......43
3.3.2　空调工程施工图识图......44
3.4　空调工程施工图的阅读......44
第4章　工程管道设计......47
4.1　管道与阀门设计......47
4.1.1　管道、阀门的单、双线图设计......47
4.1.2　管道的积聚、重叠和交叉设计......51
4.2　剖视图与断面图......52
4.2.1　剖视图的规则与表达方式......53
4.2.2　断面图的规则与表达方式......57
4.3　管道的轴测图......58
4.3.1　单根管线的轴测图......58
4.3.2　多根管线的轴测图......59
4.3.3　交叉管线的轴测图......59
4.3.4　弯管的轴测图......60
4.3.5　摇头弯的轴测图......60
4.3.6　带阀门管道的轴测图......60
4.3.7　热交换器配管的轴测图......61
4.3.8　偏置管的轴测图......62
第5章　采暖工程图设计......63
5.1　建筑采暖系统的概念和分类......63
5.1.1　采暖期的概念......63
5.1.2　采暖系统的分类及其使用特点......63
5.2　采暖系统施工图......67
5.2.1　采暖系统施工图的基本规定......67

5.2.2 采暖施工图的组成与内容........70

5.2.3 采暖施工图举例........................71

5.3 热水采暖系统的管路布置与敷设........76

5.3.1 室内热水采暖管道的布置........76

5.3.2 环路划分..................................76

5.3.3 室内热水采暖管道的敷设........78

5.3.4 管道布置与敷设应注意的问题..80

5.4 蒸汽采暖系统..................................80

5.4.1 低压蒸汽采暖系统....................81

5.4.2 高压蒸汽采暖系统....................82

5.4.3 蒸汽采暖系统与热水采暖系统各自的优缺点............................82

5.5 热风供暖系统..................................83

5.6 散热器与采暖管道............................84

5.6.1 铸铁散热器................................84

5.6.2 钢制散热器................................85

5.6.3 铝合金散热器............................88

5.6.4 散热器的布置............................88

第 6 章 空调通风系统设计..........................89

6.1 通风形式..89

6.1.1 自然通风..................................89

6.1.2 机械通风..................................93

6.2 通风系统常用设备及构件....................94

6.2.1 室内送、排风口........................94

6.2.2 风道..95

6.2.3 室外进、排风装置....................96

6.2.4 风机..97

6.2.5 旋风除尘器................................99

6.2.6 吸收设备................................104

6.3 空调建筑的防火防排烟......................105

6.3.1 空调与通风系统的防火设计..106

6.3.2 建筑物的防/排烟设计............107

6.3.3 排烟设施................................110

6.4 通风设备图的表示方法....................113

6.5 通风施工图识读..............................115

6.5.1 图例..115

6.5.2 通风空调施工图的组成..........118

6.5.3 识图步骤................................121

第 7 章 建筑燃气系统设计........................123

7.1 燃气系统的工作原理........................123

7.1.1 燃气的分类及性质..................123

7.1.2 燃气供应................................124

7.2 燃气用管材、管件、附件................126

7.3 建筑燃气设备图..............................129

7.3.1 建筑燃气设备图表述方法.....129

7.3.2 燃气管路布置与敷设.............130

7.3.3 水平干管................................132

7.3.4 用户支管................................133

7.3.5 燃气表....................................133

7.4 燃气用具..133

7.4.1 燃气用具的种类......................134

7.4.2 常用燃气器具..........................134

7.5 建筑燃气设备图的识读....................137

7.5.1 建筑燃气设备图的组成.........137

7.5.2 建筑燃气设备图识读的主要方法..138

7.5.3 建筑燃气设备图识读应掌握的内容..138

7.5.4 建筑燃气设备图识读举例.....138

附录 1 暖通空调制图标准........................143

附录 2 汽车库、修车库、停车场设计防火规范..150

参考文献..154

第 1 章　绪　　论

人们对现代建筑的要求，已经不再局限于挡风遮雨的功能，还应具有温湿度宜人、空气清新、光照柔和、宁静舒适的建筑环境。生产与科学实验对环境提出了更为苛刻的条件，如计量室或标准量具生产环境要求温度恒定（一般称为恒温），纺织车间要求湿度恒定（一般称为恒湿），有些合成纤维的生产要求恒温恒湿，半导体器件、磁头、磁鼓生产要求对环境中的灰尘有严格的控制，抗菌素生产与分装、输液器生产、无菌实验动物饲养要求无菌环境等。

1.1　暖通空调的含义及其工作原理

本节主要介绍暖通空调的含义及其工作原理。

1.1.1　暖通空调的含义

采暖、通风与空气调节可简称为“暖通空调”，英文缩写为 HVAC（Heating，Ventilation and Air Conditioning），它是控制建筑热湿环境和室内空气品质的技术，同时也包含对系统本身所产生噪声的控制，如图 1-1 所示。

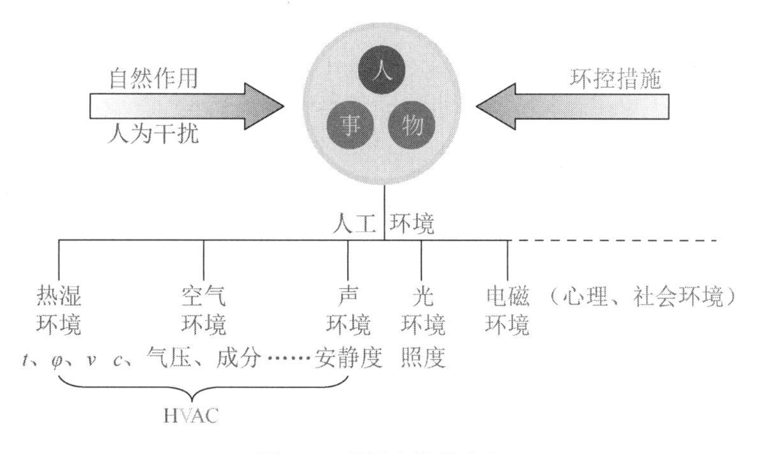

图 1-1　暖通空调的含义

（1）采暖（Heating），又称供暖，是指按需要给建筑物供给热能，保证室内温度按人们要求持续高于外界环境。

人类自从懂得利用火以来，为抵御寒冷，发明了火炕、火炉、火墙等分散式采暖方式，有的至今仍被应用。如今的楼房供暖设备与系统，采用热源与散热设备分开的集中式采暖方式，在舒适和卫生、设备的美观、系统和设备的自动控制、系统形式的多样化、能量的有效利用等方面都有长足的进步。

（2）通风（Ventilation），是指利用室外空气（称新鲜空气或新风）来置换建筑物内的空气（简称室内空气），以改善室内空气品质。通风功能主要有提供人呼吸所需要的氧气，稀释或排出室内污染物或气味，除去室内多余的热量（称余热）或湿量（称余湿），提供室内燃烧设备燃烧所需的空气。

（3）空气调节（Air Conditioning），简称空调，是指使特定环境空气参数（即空气的温度、湿度、流动速度和洁净度）均保持在一定范围内的工程技术。其作用是根据适用对象的要求使上述参数部分或全部达到规定的指标。

空调是改善人们生活和工作环境及生产、科研等工艺条件的一门工程技术。由于空调的使用对象不同，对空气参数也有各自不同的要求。总体上空调可以分成舒适性空调和工艺性空调两类。

① 舒适性空调，其目的是使室内空气具有良好的参数，向人们提供一个适宜的工作或生活环境，从而有利于提高工作效率或维持良好的健康水平。实践证明，人们感到舒适的环境条件为：空气温度为 18～28℃；空气相对湿度为 40%～60%；空气流动速度为 0.25m/s 左右。

② 工艺性空调，其作用是提供满足室内生产、科研等工艺过程所要求的空气参数。如果这些参数不能满足，室内的工作就无法进行，产品（或科研）的质量得不到保证。例如，电子、光学仪器、精密制造装配车间、电子计算机房等场所，有的要求全年恒温恒湿，有的对空调精度要求比较高，有的则需要超净空调等。

空调除了要满足人体舒适和工艺要求外，有时还需对空气的压力、成分、气味和噪声等进行调节和控制。总之，采用技术手段，创造和保持满足一定要求的空气环境，就是空调的任务。为此，我们就需要对空气的性质、空气的处理方法加以了解。

环境空气的品质好坏，在现代化的城市生活中越来越受到关注和重视。空气中的有害气体和有害气味，如二氧化碳、氨气、烟草味、硫化物和粉尘等，已构成对人类身心健康和生存条件的极大危害，绝不能等闲视之。

当今世界公认的影响地球大气的三大环境保护问题，即臭氧层破坏、温室效应（全球变暖）和酸雨，其危害和破坏力的严重程度，已远远超出人的舒适性条件范畴，而成为全人类共同的灾难性威胁。

因此，将空调制冷供暖技术发展的主体思路定位在“节约能源、保护环境和趋向自然的舒适环境”上，是现实的、具有可持续发展的战略指导意义的，也是每一位空调制冷供暖工作者需要共同不懈努力的奋斗目标。

1.1.2　暖通与空调系统的工作原理

采暖通风与空气调节是如何实现对建筑室内环境进行控制的？下面将通过两个典型例子来说明它们的工作原理。

图 1-2（a）、（b）分别表示对民用建筑与工业建筑室内环境进行控制的基本方法。如图 1-2（a）所示，在夏季，民用建筑中的人员、照明灯具、电器和电子设备（如饮水机、电视机、VCD、音响、计算机、复印机等）都要向室内散出热量及湿量。此外，太阳辐射和室内外的温差也会使房间获得热量。如果不把这些室内多余的热量和湿量从室内移出，必然导致室内温度和湿度升高。在冬季，建筑物将向室外传出热量或渗入冷风，如不向房间补充热量，必然导致室内温度下降。因此，为了维持室内温/湿度，在夏季必须从房间内移出热量和湿量，称为冷负荷和湿负荷；在冬季必须向房间供给热量，称为热负荷。

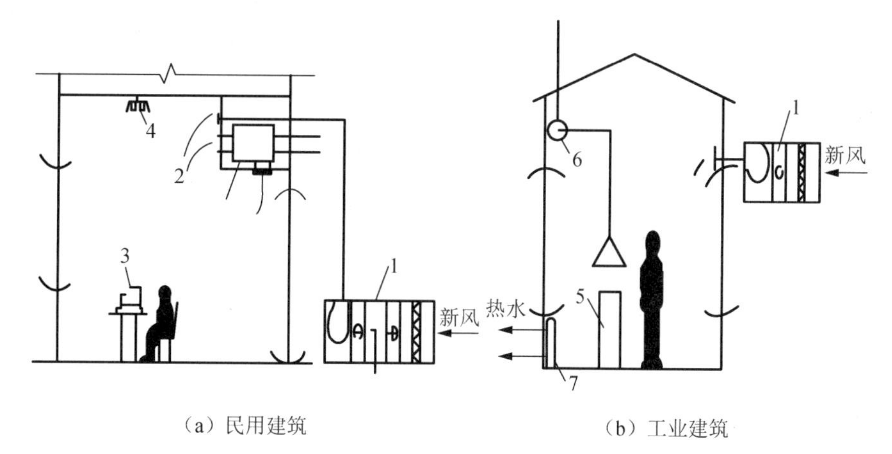

（a）民用建筑　　（b）工业建筑

1—新风处理；2—风机盘管机组；3—电器和电子设备；
4—照明灯具；5—工艺设备；6—排风系统；7—散热器

图 1-2　民用建筑和工业建筑的采暖通风和空气调节系统

在民用建筑中，人群不仅是室内的“热、湿源”，也是“污染源”，他们产生二氧化碳、体味，吸烟时散发烟雾；室内的家具、装修材料、设备（如复印机）等也散发出各种污染物，如甲醛、甲苯，甚至放射性物质，从而导致室内空气品质恶化。为了保证室内良好的空气品质，通常需要用通风的办法来排走室内含污染物的空气，并向室内供应清洁的室外空气，稀释室内污染物。

采暖通风与空气调节的任务就是向室内提供冷风或热量，并稀释室内的污染物，以保证室内具有适宜的热舒适条件和良好的空气品质。图 1-2（a）中对建筑室内环境的控制方案是：向房间送入一定量的室外空气（新风），同时必有等量的室内空气通过缝隙渗到室外，从而稀释了污染物；用风机盘管机组（由风机和水/空气换热器-盘管组成）向房间供应冷风（当室内有冷负荷时）或供应热量（当室内有热负荷时）；送入室内的新风先经空气过滤器除去尘粒，并经冷却、去湿（夏季）或加热、加湿（冬季）处理，因此，新风系统同时也承担了部分冷、热负荷。

对于工业建筑，一般的厂房空间大，人员密度小，如夏季全面对厂房内温度、湿度进行控制，其能耗和费用很高，因此，除了一些特殊生产工艺的车间或热车间外，一般夏季不考虑对整个车间进行温、湿度控制。在冬季，在温暖地区的厂房，也不向室内供热以保持室内一定温度。但在厂房中，许多工艺设备散发出对人体有害的气体、蒸汽、固体颗粒等污染物，为保证工作人员的身体健康，必须对这些污染物进行治理，如设置排出污染物的排风系统，如图 1-2（b）所示；同时必须有等量的新风进入室内，这些新风可以从门、窗渗入，也可以设置新风系统供入，或两者兼而有之，从而使厂房内的污染物浓度达到卫生标准。新风一般只需过滤即可，但在寒冷地区，冬季还需对新风进行加热，并且要在车间内设置采暖系统，以使厂房内保持一定的温度。车间内采暖系统和新风加热用的热媒可以是热水或蒸汽。

从上述两个例子可以看到，采暖通风与空气调节的工作原理是：当室内得到热量或失去热量时，则从室内取出热量或向室内补充热量，使进出房间的热量相等，即达到热量平衡，从而保持室内一定温度；或使进出房间的湿量平衡，以保持室内一定湿度；或从室内排出污染空气，同时补入等量的清洁空气，即达到空气量平衡。进出房间的空气量、热量以及湿量虽然会自动地达到平衡，但此时往往偏离人们所希望的状态，因而设置采暖通风与空调系统控制进出房间的热量、湿量和空气量，使其在所希望的室内状态范围内实现热量、湿量和空气量的动态平衡。另外，空气量、热量和湿量平衡之间是互有联系的。例如，当空气平衡发生变化时，由于随着空气进入和排出房间，同时伴随着热量和湿量进出房间，因此也影响了房间的热量平衡和湿量平衡。

1.2　暖通空调的分类

根据不同维度可以对暖通空调进行不同的分类，下面对七种分类一一进行介绍。

1.2.1　按建筑环境控制对象与功能分类

按建筑环境控制对象与功能可以分两大类。

（1）以建筑热湿环境为主要控制对象的系统：主要控制建筑室内的温湿度，如空调系统和采暖系统。

（2）以建筑内污染物为主要控制对象的系统：主要控制建筑室内空气品质，如通风系统、建筑防烟排烟系统等。

上述两大类的控制对象和功能互有交叉。例如，通风系统也可以有采暖功能，或除去余热和余湿的功能，而空调系统也具有控制室内空气品质的功能。

1.2.2　按承担室内负荷所用的介质分类

以建筑热湿环境为主要控制对象的系统，根据承担建筑环境中的热负荷、冷负荷和湿负荷的介质不同分为五类。

（1）全水系统：全部以水为介质，承担室内的热负荷或冷负荷。当为热水时，向室内提供热量，承担室内的热负荷，如目前常用的热水采暖系统；当为冷水（常称冷冻水）时，向室内提供制冷量，承担室内冷负荷和湿负荷。

（2）蒸汽系统：以蒸汽为介质，向建筑供应热量。可以直接用于承担建筑物的热负荷，如蒸汽采暖系统、以蒸汽为介质的暖风机系统等；也可以用于空气处理机组中加热、加湿空气；还可以用于全水系统或其他系统中的热水制备或热水供应的热水制备。

（3）全空气系统：全部以空气为介质，向室内提供冷风或热量。例如，全空气空调系统，它向室内提供经过处理的冷空气，以除去室内湿热冷负荷和潜热冷负荷，冷负荷在室内不再需要附加冷却。

（4）空气—水系统：以空气和水为介质，共同承担室内的负荷。例如以水为介质的风机盘管向室内提供冷量或热量，承担室内部分冷负荷或热负荷，同时又有一新风系统向室内提供部分冷量或热量，并向室内提供新鲜空气，图 1-2（a）就是这样的系统。

（5）制冷剂系统：以制冷剂为介质，直接用于对室内空气进行冷却、去湿或加热，这种系统是用带制冷机的空调器（空调机）来处理室内的负荷，所以又称机组式系统。

1.2.3　按空气处理设备集中程度分类

以建筑热湿环境为主要控制对象的系统，又可以按对室内空气处理设备的集中程度分为三类。

（1）集中式系统：集中式空调系统是将所有的空气处理设备（包括风机、冷却器、加湿器、空气过滤器等）都集中设置在各空调机房内，对送入空调机房的空气集中处理，然后用风机加压，通过风管送到各空调房间或区域，如图 1-3 所示。

空气集中于机房内进行处理（冷却、去湿、加热、加湿等），而房间内只有空气分配装置。目前，常用的全空气系统中大部分属于集中式系统。集中式系统需要在建筑物内占用一定的机房面积，但控制、管理比较方便。

（2）半集中式系统：半集中式空调系统除了有集中的空调机房和集中处理一部分空调系统需要的空气外，还设有分散在空调房间的末端空气处理设备。末端设备的作用是在空气送入空调房间之前，对来自集中处理设备的空气与室内一部分回风做进一步的补充处理，以适合各空调房间对空气调节的要求，如图 1-4 所示。

对室内空气进行处理（加热、冷却、去湿）的设备分设在各个被调节和控制的房间内，而又集中部分处理设备，如冷冻水或热水集中制备或新风进行集中处理等，全水系统、空气—水系统、水源热泵系统、变制冷剂流量系统都属这类系统。半集中式系统在建筑中占用的机房少，容易满足各个房间各自的温/湿度控制要求，但房间内设置空气处理设备后，管理维修不方便，若设备中有风机，还会给室内带来噪声。

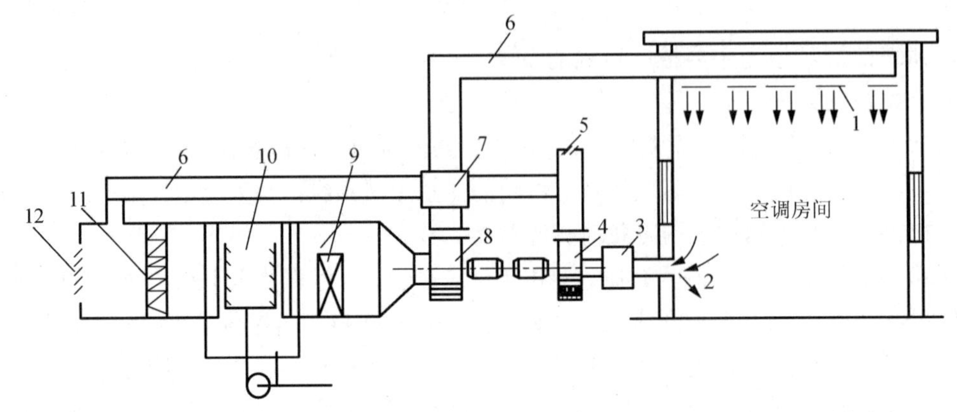

1—进风口；2—回风口；3—消声器；4—回风机；5—排风口；6—送风管道；7—管道交叉；8—送风机；9—空气加热器；10—喷水室；11—空气过滤器；12—百叶窗

图 1-3　集中式空调系统

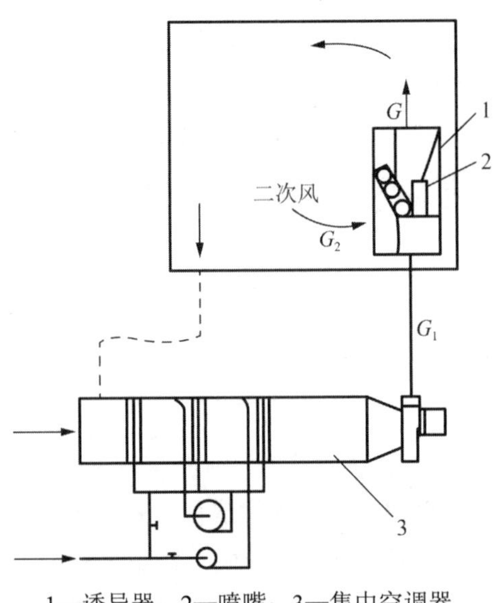

1—诱导器；2—喷嘴；3—集中空调器

图 1-4　半集中式空调系统

（3）全分散式系统：全分散式空调系统又称局部机组系统，它是把冷、热源和空气处理设备及空气输送设备（风机）集中设置在一个箱体内，使之形成一个紧凑的空气调节系统。因此，局部机组空调系统不需要专门的空调机房，可根据需要灵活分散地设置在空调房间内某个比较方便的位置，如图 1-5 所示。

对室内进行热湿处理的设备全部分散于各房间内，如家庭中常用的房间空调器、电采暖器等都属于此类系统。这种系统不需要机房和进行空气分配的风道，但其维修管理不便，能量效率低，其中，制冷压缩机、风机会给室内带来噪声。

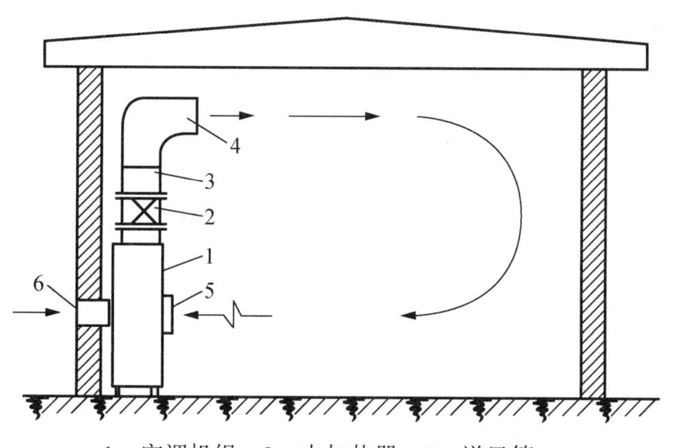

1—空调机组；2—电加热器；3—送风管；
4—送风口；5—回风口；6—新风口

图 1-5　全分散式空调系统

1.2.4　按用途及服务对象分类

对以建筑热湿环境为主要控制对象的空调系统，按其用途或服务对象不同可分为两类。

（1）舒适性空调系统：简称舒适空调，是为室内人员创造舒适健康环境的空调系统。办公楼、旅馆、商店、影剧院、图书馆、餐厅、体育馆、娱乐场所、候机或候车大厅等建筑中所用的空调都属于舒适空调。由于人的舒适感在一定的空气参数范围内，所以这类空调对温度和湿度波动的控制，要求并不严格。

（2）工艺性空调系统：又称工业空调，是为工艺生产或设备运行创造必要环境条件的空调系统，工作人员的舒适要求有条件时可兼顾。由于工业生产类型不同，各种设备的运行条件也不同，工艺性空调的功能、系统形式等差别很大。例如，半导体元器件生产对空气中含尘浓度极为敏感，要求有很强的空气净化功能；棉纺织车间对相对湿度要求很严格；抗菌素生产要求无菌条件；等等。

1.2.5　以建筑内污染物为主要控制对象的分类

以建筑内污染物为主要控制对象的分类，可分为以下三类。

1. 按用途分类

（1）工业与民用建筑通风：以治理建筑中工业生产和人员生活所产生的污染物为目标的通风系统。

（2）建筑防烟和排烟：控制建筑火灾烟气流动，创造无烟的人员疏散通道或安全区的通风系统。

（3）事故通风：排除突发事件产生的大量有燃烧、爆炸危害或有毒害的气体、蒸汽的通风系统。

2. 按通风服务范围分类

以建筑内污染物为主要控制对象的系统按通风的服务范围分类，可分为以下两类。

（1）全面通风：又称稀释通风，即向某一房间送入清洁新鲜空气，稀释室内空气中的污染物的浓度，同时把含污染物的空气排到室外，从而使室内空气中污染物的浓度达到卫生标准的要求。

（2）局部通风：控制室内局部地区污染物的传播或控制局部地区污染物浓度达到卫生标准要求的通风。局部通风又分为局部排风和局部送风。

3. 按空气流动的动力分类

以建筑内污染物为主要控制对象的系统按空气流动的动力分类，可分为以下两类。

（1）自然通风：依靠室外风力造成的风压或室内外温差造成的热压使室外新鲜空气进入室内，室内空气排到室外。一些热车间有大量的余热，用通风的方法消除余热所需要的空气量大，通常借助自然通风来实现。这种通风方式比较经济，不耗能量，但受室外气象参数影响很大，可靠性差。

（2）机械通风：依靠风机的动力来向室内送入空气或排出空气系统。系统工作的可靠性高，但需要消耗一定能量。

1.3　暖通空调制冷与电气系统

暖通空调主要包含制冷系统和电气系统，下面按这两个系统来介绍零部件。

1.3.1　制冷系统零部件

制冷系统零部件包括压缩机、热交换器和其他部件。

1. 压缩机

空调器中使用的压缩机有往复式、旋转式和涡旋式等。早期使用较多的是往复活塞式压缩机，现已被淘汰。目前，在空调器上使用最多的是旋转式压缩机，最近几年第三代涡旋式压缩机也开始用于空调器中，因此，下面重点介绍这两种压缩机。

（1）旋转式压缩机：空调器上用的旋转式压缩机的基本结构、工作原理与电冰箱上用的旋转式压缩机基本相同。它与往复式活塞压缩机相比，除具有零部件少、体积小、质量轻、运行平稳可靠、噪声小、振动小、制冷效率高等优点外，还可采用变频器调节压缩机的转速，所以制冷量为 1000～7000W 的空调器基本上采用旋转式压缩机。图 1-6 所示为旋转式压缩机的外形及内部结构。

（2）涡旋式压缩机：涡旋式压缩机的结构如图 1-7 所示。它主要由一对涡旋渐开曲面的槽板——涡旋定子和涡旋转子组成，利用涡旋转子在涡旋定子内旋转，使密闭空间的位置和容积发生变化，从而完成对气体的压缩。

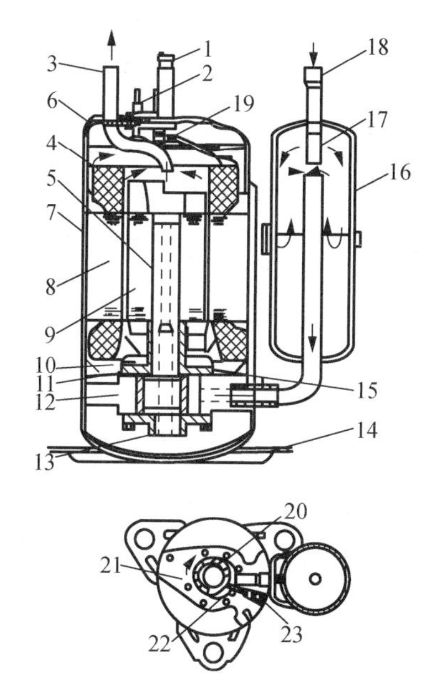

1—杆；2—接头；3—排气管；4—绕组；5—曲轴；6—上壳；7—下壳；8—定子；9—转子；
10—消音器；11—上轴承架；12、21—汽缸；13—下轴承；14—固定脚；15—排气阀；16—储液器；
17—过滤器；18—吸气阀；19—导线；20—滚动活塞；22—叶片；23—弹簧

图 1-6　旋转式压缩机的外形及内部结构

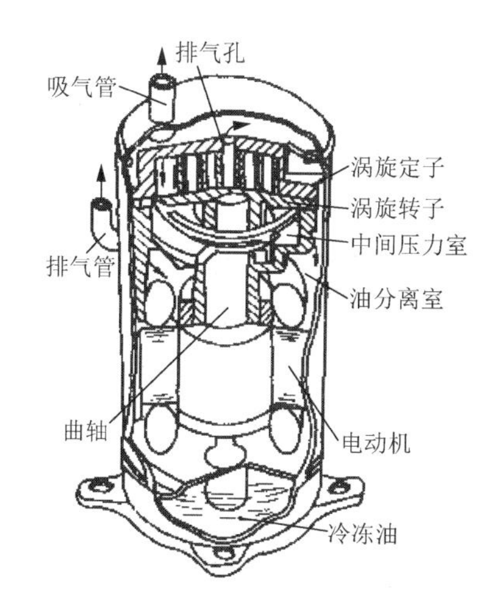

图 1-7　涡旋式压缩机的结构

图 1-8 为涡旋式压缩机的工作原理分解图。它的工作原理是将带有涡旋形叶片的定子与转子相啮合，以相位差 180° 的两个涡旋形叶片组合成若干个封闭空间，如图中的四个月牙形工作容积。定子与机壳相固定，转子由一个偏心距很小（4mm 左右）的偏心轴带动，绕固定盘涡旋中心以一定半径做公转运动，每转一个角度，月牙形工作容积被连续压缩一次。在图中，θ=0° 时月牙形面积最大，θ=90° 时被压缩变小，θ=180° 时又压缩变小，直到 θ=270° ～360° 时气体被压缩到一定压力后，从中心孔连续排出，制冷剂在外圆处压力比

较低，越到中心处压力越高，故没有吸气阀和排气阀。几乎没有余隙容积，因此容积效率很高。涡旋式压缩机多用在中小型热泵型空调器中。它与往复活塞式压缩机和旋转式压缩机相比较，具有很突出的优越性能：结构简单，运行平稳，能效比大，体积小，质量轻，噪声小。在热泵制热运行时，若室外气温很低，则往复式压缩机和旋转式压缩机排气压力差显著增大，泄漏加剧，而涡旋式压缩机高压区和低压区之间隔着一个月牙形的中压区，这就使泄漏大大减少，制热能力得以提高。例如，在环境温度为-5℃时，涡旋式压缩机的制热能力约比往复活塞式压缩机高 20%。

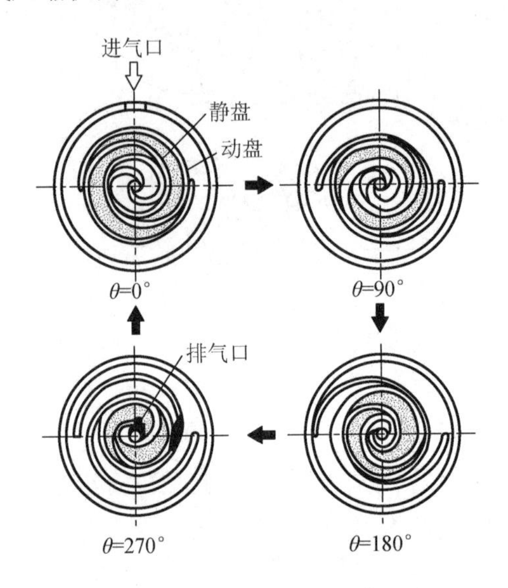

图 1-8 涡旋式压缩机的工作原理

2. 热交换器

冷凝器家用空调器通常采用风冷翼片式冷凝器，外形如图 1-9（a）所示，它由紫铜管和铝合金肋片组成。为了提高换热系数，常将铝箔冲出各种形状，再经机械胀管，使铝箔与冷凝器管紧紧相接。它具有体积小、质量轻、换热表面积大、热效率高等优点。

蒸发器空调器采用翅状管式蒸发器，其结构与冷凝器基本相同，如图 1-9（b）所示。

3. 其他部件

制冷系统的其他部件还有毛细管、干燥过滤器、单向阀等。

1）毛细管

毛细管是制冷系统中的节流装置，制冷剂的蒸发压力是通过毛细管来控制的。毛细管是一根内径为 0.5～2mm、长度为 500～1000mm 的紫铜管。由于毛细管的内径很小，所以对制冷剂的阻力较大，当高压中温的制冷剂液体流经毛细管时，其压力下降，由冷凝压力降至蒸发压力，制冷剂的温度也降至蒸发压力所对应的饱和温度，使制冷剂在蒸发器内进行沸腾汽化。

毛细管节流装置的结构简单，无运动零件，因而不易发生故障。由于停机后高低压力在 3～5min 内即趋于平衡，所以可选用起动转矩较小的驱动电机。毛细管的自动调节范围小，而且不能人工调整，因此不适用于热负荷变化大的制冷装置，只可用于热负荷较稳定的制冷装置，如家用冰箱、空调器和除湿机等小型全封闭式制冷装置。

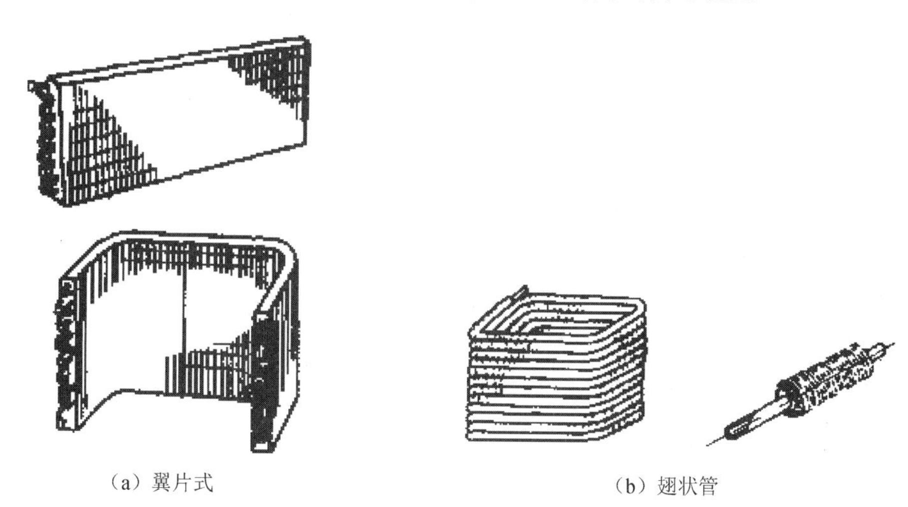

（a）翼片式　　（b）翅状管

图 1-9　空调用冷凝器结构

有些分体式空调器为了适应大的制冷量需要，尤其对于冷热两用热泵型空调器，配有两根或多根毛细管，它们与对应的蒸发器、冷凝器及有关部位相连，这是为了充分利用蒸发、冷凝面积，使它们不会产生分液不均的现象。

2）干燥过滤器

干燥过滤器的作用是吸附、干燥制冷系统中的水分，滤除制冷剂中的杂质，如金属屑、各种氧化物及尘埃等，以防止制冷系统产生“冰堵”和“脏堵”，使制冷系统正常循环。空调器中使用的干燥过滤器，采用直径为 10～18mm、长度为 100～150mm 的铜管。在铜管内装入 2～3 层 100～120 目的金属滤网和干燥剂。干燥剂一般采用吸湿性强的分子筛（人造泡沸石）。分子筛以分子直径来表示其空间晶格的大小，外观为白色颗粒。当混入分子筛中的其他物质的分子直径小于分子筛的分子直径时，就会被分子筛吸附。采用热式真空方法又可以使该物质脱附。由于水分子直径为 2.7～3.2pm，而 R22 的分子大于 4pm，所以采用 4pm 分子筛作为干燥剂，可以吸附制冷系统中的残留水分。

干燥过滤器安装在冷凝器出口端和毛细管入口端，其结构如图 1-10 所示。

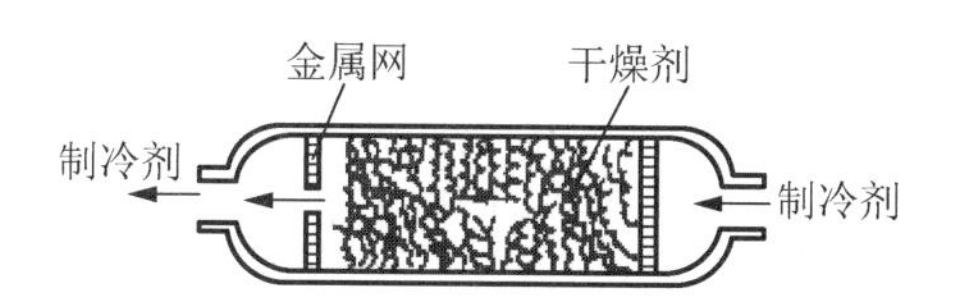

图 1-10　干燥过滤器的结构

在空调器的制冷系统中一般不使用过滤器，其结构如图 1-11 所示。这种过滤器只装有金属网，而没有装干燥剂。它安装在毛细管前端的相关部件上或电子膨胀阀前面，用来滤除制冷系统和润滑油中的杂质，防止系统和毛细管及膨胀阀堵塞。

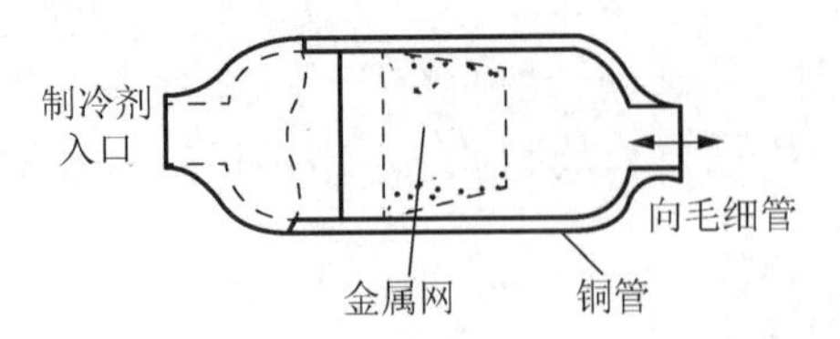

图 1-11 过滤器的结构

3）单向阀

单向阀又称止回阀，是用于热泵型空调器制冷系统防止制冷剂反向流动的阀门，其结构如图 1-12 所示。

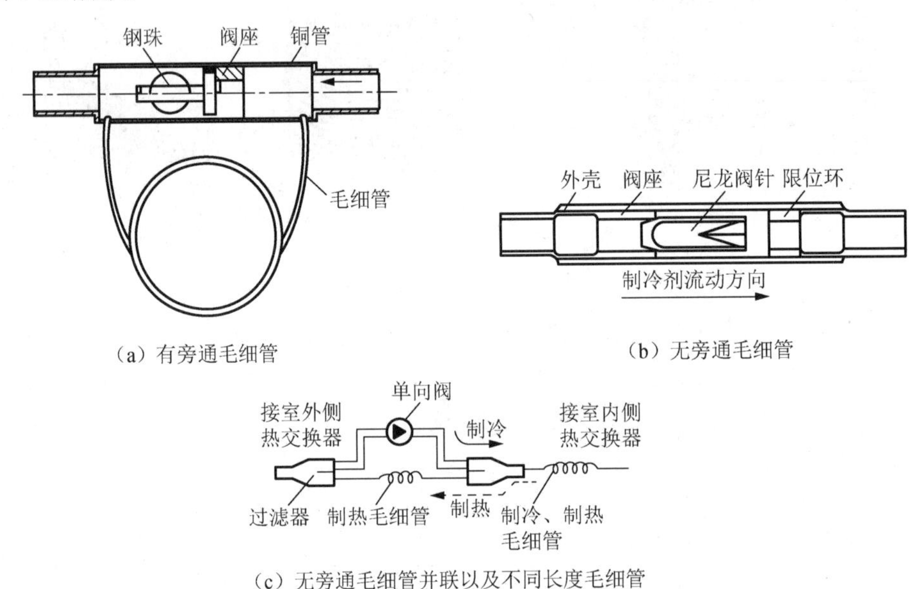

（a）有旁通毛细管

（b）无旁通毛细管

（c）无旁通毛细管并联以及不同长度毛细管

图 1-12 单向阀的结构

图 1-12(a)所示是一种带有旁通毛细管的单向阀，这种结构在小型热泵空调器制冷（热）系统中较常见。它由铜管外壳、阀座、钢珠及毛细管组成，一般装在室外换热器与室内换热器之间，与毛细管串接。当热泵型空调器制冷运行循环时，制冷剂的流向如图 1-12（a）中箭头所示，制冷剂压力将钢珠顶开，管路畅通，而旁通毛细管被短路，管路不通。制热循环时，制冷剂的流向与箭头相反，制冷剂压力将钢珠压紧在阀座上，而使管路封闭不通，此时制冷剂由旁路的毛细管中通过。由于制冷剂只能按一个方向流过，所以这种结构的阀门称为单向阀。另外，钢珠除受制冷剂的压力作用外，还由本身的自重作用来密封，所以此阀必须按箭头方向垂直安装在管路中，否则将不起阀门的作用。图 1-12（b）所示是一种不带旁通毛细管的单向阀，这种结构也广泛用在热泵型空调器制冷（热）系统中。它主要由尼龙阀针、阀座、限位环及外壳组成。阀表面标有制冷剂正向流动方向。当制冷剂下进上出正向流动时，尼龙阀针受制冷剂流动压力作用，被打开推向限位环，单向阀导通；当制冷剂上进下出反向流动时，尼龙阀针受自重和压差作用，被紧紧压在阀座上而截止。这种结构的单向阀应与毛细管并联，如图 1-12（c）所示。制冷循环时，制冷剂正向流过单向阀；制热循环时，制冷剂反向流动，单向阀截止，制冷剂从制热毛细管流过。这样可以使

空调器在制冷和制热工况下，通过毛细管长度的变化获得不同的蒸发压力，使空调器处于合理的运行状态。

1.3.2 电气系统零部件

电气系统零部件包含电动机、压缩机保护器、温控器、空调器选择开关、电磁四通换向阀，下面分别介绍。

1. 电动机

常用的电动机包括单相异步电动机及三相异步电动机。

1）单相异步电动机

家用空调器一般采用单相异步电动机。它由定子和转子两部分组成，在定子上设两组绕组：运行绕组（亦称主绕组），其端子符号一般用“M”表示；起动绕组（亦称副绕组），其端子符号一般用“S”表示；公共端用符号“C”表示。

空调器用单相异步电动机常见的起动方式可分成电容起动式（CSIR）、电容起动电容运转式（CSR）和电容运转式（PSC）。

空调器电动机的三种起动方式中，最常用的是电容运转式，这也是风扇电动机最常用的起动方式。

电容运转式起动方式的电路接线如图 1-13 所示。其定子绕组中两个不同空间位置的绕组都是运行绕组，其中一个绕组（副绕组）串联了一个电容量小的电容器，以形成分相电流，因此这种电动机不需要起动继电器，直接连接在电路中即能起动，并保持旋转。这种电动机起动转矩小，但运行性能较好，功率因数、效率、过载能力也较高，而且耗电少，噪声小，适用于不要求起动转矩大（如以毛细管节流）的空调器中。

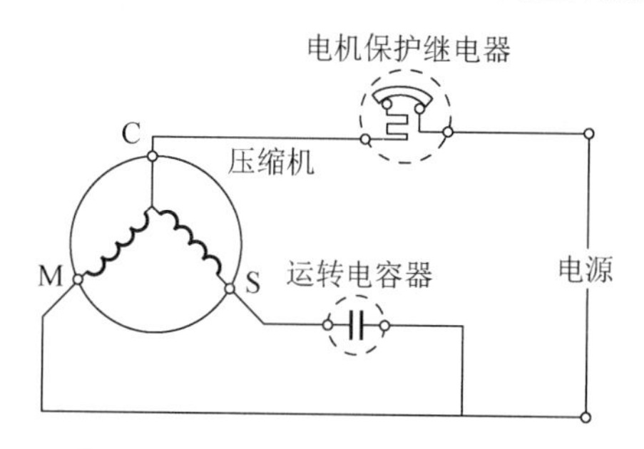

图 1-13 电容运转式电动机接线图

2）三相异步电动机

制冷量较大的柜式空调器中，压缩机一般采用三相异步电动机，它的效率、功率因数较高，有较大的起动转矩，可以直接起动。三相异步电动机的定子绕组由三组完全对称的绕组组成，这三个绕组嵌在定子铁心槽中，而且在空间分布上彼此错开 120°。三个绕组可以接成星形或三角形，如图 1-14 所示。当定子绕组中通入三相对称电流时，就会在定子与转子的气隙空间产生旋转磁场而使转子转动。

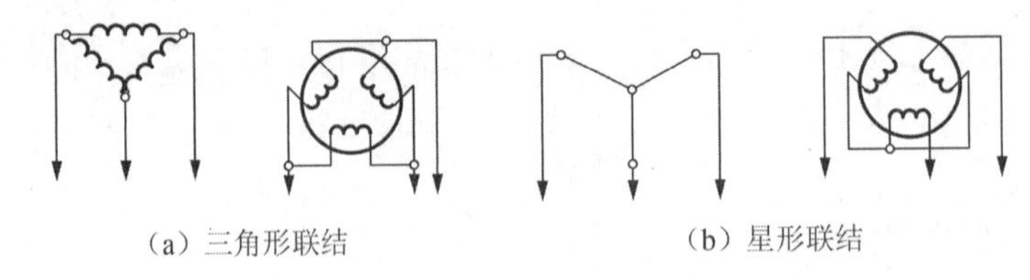

图 1-14　三相电动机绕组联结法

2. 压缩机保护器

压缩机保护器又称过电流保护器、过热保护器，是压缩机电动机的安全保护装置。当压缩机负荷过大或发生卡缸、抱轴等故障，以及电压过高或过低而不能正常起动时，都要引起电动机电流增大。另外，制冷系统出现制冷剂泄漏时，压缩机连续运行，此时电动机的运行电流虽然比正常运行时的额定值低，但由于系统回气冷却作用减弱，也会使电动机温升过高。过载保护器的作用就是当出现上述故障时切断电源，保护电动机不被烧毁。

目前，家用空调器普遍使用的是双金属碟形过载保护器，如图 1-15 所示。它具有过电流和过热双重保护功能，一般与起动继电器装在一起，并紧贴于压缩机壳外表面。

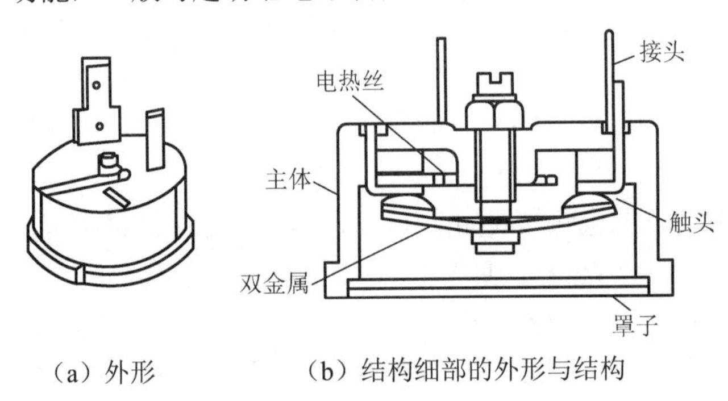

图 1-15　碟形过载保护器的外形与结构

过载保护器由碟形双金属片，动、静触点，端子，电热丝，调节螺钉和锁紧螺母等组成，碟形双金属片由双层金属片构成，上层金属片热膨胀系数小，下层金属片热膨胀系数大。在正常工作状态时，碟形双金属片处于将端子间的电路接通的位置。

电路中的电流因某种原因超过额定电流时，电热丝即刻升温，使碟形双金属片受热向上翘曲，断开动、静触点，切断电源。电源切断后，双金属片温度逐渐下降，大约十几秒后双金属片复位。

当压缩机电动机在运行过程中运行电流正常，而压缩机壳因某种原因温度过高时，通过热辐射或热传导，碟形双金属片也会因受热而动作，切断电路，实现对压缩机电动机的保护。碟形过载保护器的性能参数一般调定为：无电流负载时，触点断开温度为 100～110℃，复位温度约为 70～80℃；当电动机两绕组同时通电，而电动机不能起动时，过载保护器应在 10s 内断开；当只有运行绕组接通电源，而起动绕组没有接通电源，造成压缩机电动机不能起动时，过载保护器应在 30s 内断开。

碟形过载保护器中双金属片的加热需要一定时间，一般为 10～15s，才会弯曲变形切断电路，而电动机的正常起动时间只有 3～5s，因此，这种过载保护器不会因起动电流过大而引起误动作。出厂时，其延时断开和复位时间都已调好，在使用与维修中不需要进行调整。

内埋式热控过电流过温升保护继电器的结构如图 1-16 所示。它的安装方式是埋置在电动机的定子绕组中，直接感受绕组温升的变化。当绕组由于某种原因温度升高到超过其允许值或产生过电流时，保护器内的双金属片拱起，触点断开，切断电动机电路，从而起到保护电动机的作用。这种保护器的优点是直接感受电机绕组的温度变化，过温升保护更为灵敏可靠；缺点是它埋置在封焊的压缩机壳内的定子绕组中，若损坏，不便于更换。

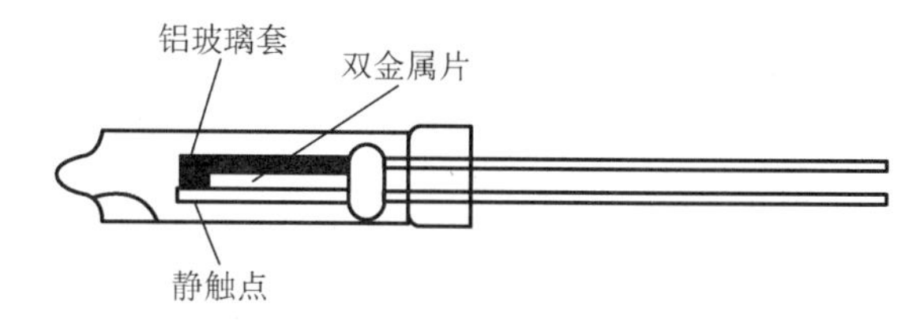

图 1-16　内埋式热控过电流过温升保护继电器的结构

3. 温控器

用于整体式空调器（窗机、移动式空调器）电气系统中的温控器是一种控制室内温度的电源开关，它能控制压缩机电动机电路的通与断。目前，整体式空调器常用的机械压力式温控器主要有波纹管式温控器、膜盒式温控器等。

1）波纹管式温控器

波纹管式温控器的外形和结构如图 1-17 所示。它主要由感温机构、调节机构和触头开关机构组成。感温机构由感温包、毛细管、波纹管和感温剂组成，其功能是当感温剂的温度变化时，波纹管内的压力改变，从而推动杠杆等传动机构控制触头开关（微动开关）的开闭，以接通或断开压缩机电动机电源电路，实现空调的开停。调节机构由凸轮、转轴和调节螺钉等组成，其功能是使温度控制器能在最低、最高温度范围内任意温度下动作。触头开关机构由微动开关、调节弹簧及杠杆等组成。

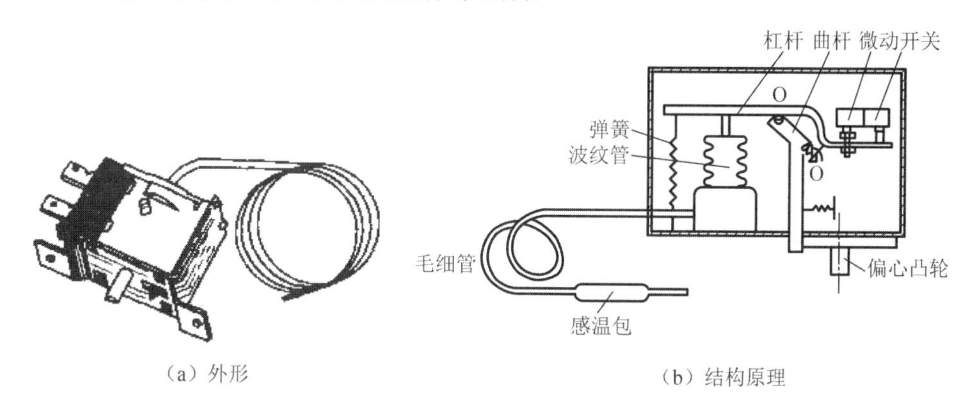

（a）外形　　（b）结构原理

图 1-17　波纹管式温控器的外形和结构

2）膜盒式温控器

膜盒式温控器的结构如图 1-18 所示。膜盒的一端通过毛细管接在感温包上，另一端直接顶住压板，在密封的膜盒和感温包内充有感温剂。当空气的温度变化时，膜盒内部的压力改变，通过压板的顶杆去推动开关触点，以断开或接通压缩机电动机的电源电路，实现空调的开停。

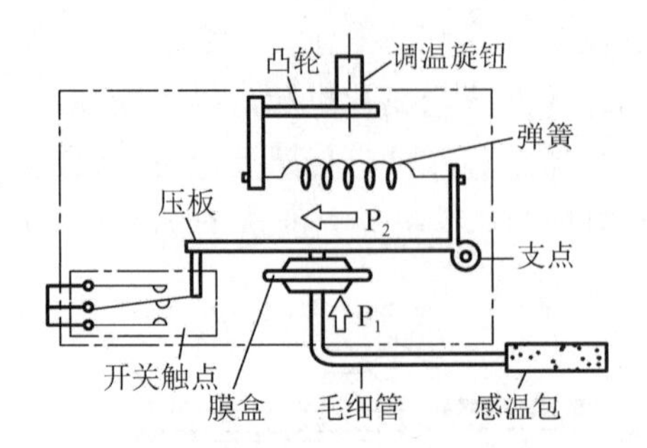

图 1-18　膜盒式温控器的结构

4. 空调器选择开关

选择开关（又称主令开关）在窗式空调器的电气系统中，用来控制通风、制冷、制热等各种功能的切换，常用的选择开关有 03、04、07 三种。03、04 开关可 360° 旋转，用于单冷型空调器；07 开关从中间（停的位置）分别向两边旋转，用于冷热两用型空调器。选择开关的众多触点分层布置，并由中间的凸轮来控制通断。由于每层凸轮做成不同的形状和大小，所以开关凸轮处于不同位置时，就可使各对触点按所需要的规律接通或分断。单冷空调器电气工作原理如图 1-19 所示。

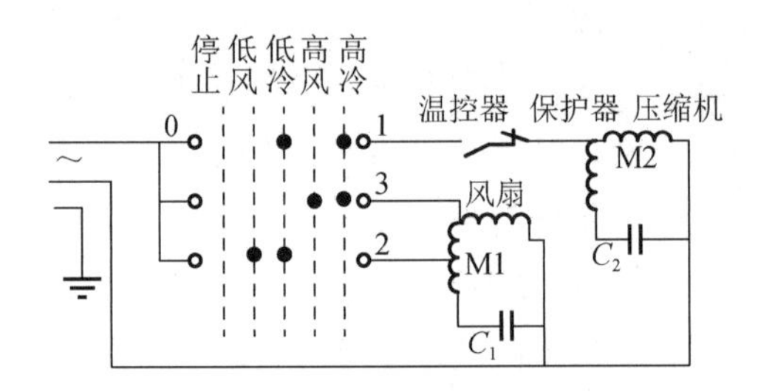

图 1-19　单冷空调器电气工作原理

图 1-20（a）所示为使用 03 开关的单冷型窗式空调器电气工作原理。图 1-20（b）、（c）、（d）、（e）、（f）为开关的各对触点在旋钮转到不同操作位置时的通断状态。

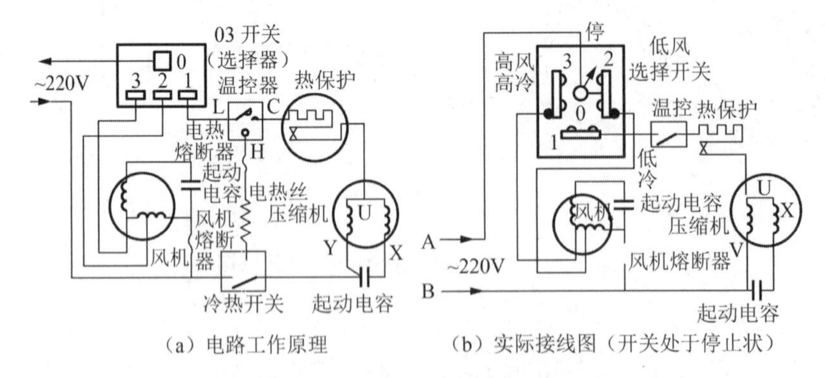

图 1-20　用 03 开关连接的空调器电路图

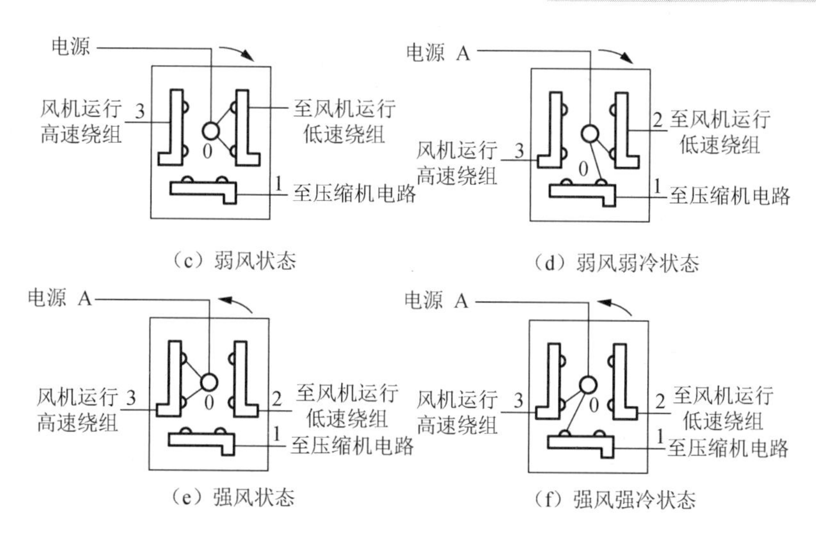

（c）弱风状态　　（d）弱风弱冷状态

（e）强风状态　　（f）强风强冷状态

图 1-20　用 03 开关连接的空调器电路图（续）

使用空调器时，03 开关应先开风机挡。如将 0 与 2 点接通时风机低速运转，将 0 与 3 点接通时风机高速运转。如需低速制冷，只要将选择开关开到低风后再顺时针开一挡，即为低风低冷挡；如需高速制冷，将选择开关开到高风挡后再逆时针开一挡，即为高风高冷挡。图 1-21（b）为用 04 开关组成的实际接线图，图中 03 开关处于停止状态。

从外形上看，03 开关只有四个接点：0 为公用点，1 为接压缩机电路点，2、3 为风机速度开关接点。04 开关有五个接点：0 为公用点，1 为压缩机电路接点，2、3、4 为风机调速开关接点。用 04 开关连接的空调器电路图如图 1-21 所示。

5. 电磁四通换向阀

1）结构

电磁四通换向阀由电磁导向阀和四通换向阀两部分组成。

（1）电磁导向阀。

电磁导向阀是控制四通换向阀的导向阀，由两部分组成。一部分是电磁体，由电磁线圈、衔铁及弹簧构成。衔铁在不锈钢管内，端部由闷盖密封，衔铁在管内可左右移动。在线圈通电后，便产生磁场，衔铁在磁场力作用下，吸引衔铁克服弹簧力向右移动；在切断电源后，由于磁场力消失，衔铁在弹簧力作用下向左移动复位。另一部分是阀体，它是一个三通阀，阀体内有两个阀芯，分别控制一个阀口。二阀芯与衔铁在阀体内同在一条轴线上，在左右弹簧的压迫下，互相紧靠为一体，当电磁线圈通电产生磁场后，衔铁被吸引而移动，两个阀芯也跟着一起移动。在二阀芯中间的阀体上有三个出口，分别焊有三根毛细管，成为三通导阀。在未通电时，由于右侧弹簧力大于左侧弹簧力，右侧弹簧推动衔铁、阀芯向左移动，这时右阀门关闭，左阀门打开，左边两根毛细管相通，右边毛细管被堵住不通。通电后，电磁力吸引衔铁向右移动，阀芯在左弹簧推动下向右移动，结果左阀门关闭，右阀门打开，右边两根毛细管相通，左边毛细管通道被切断。

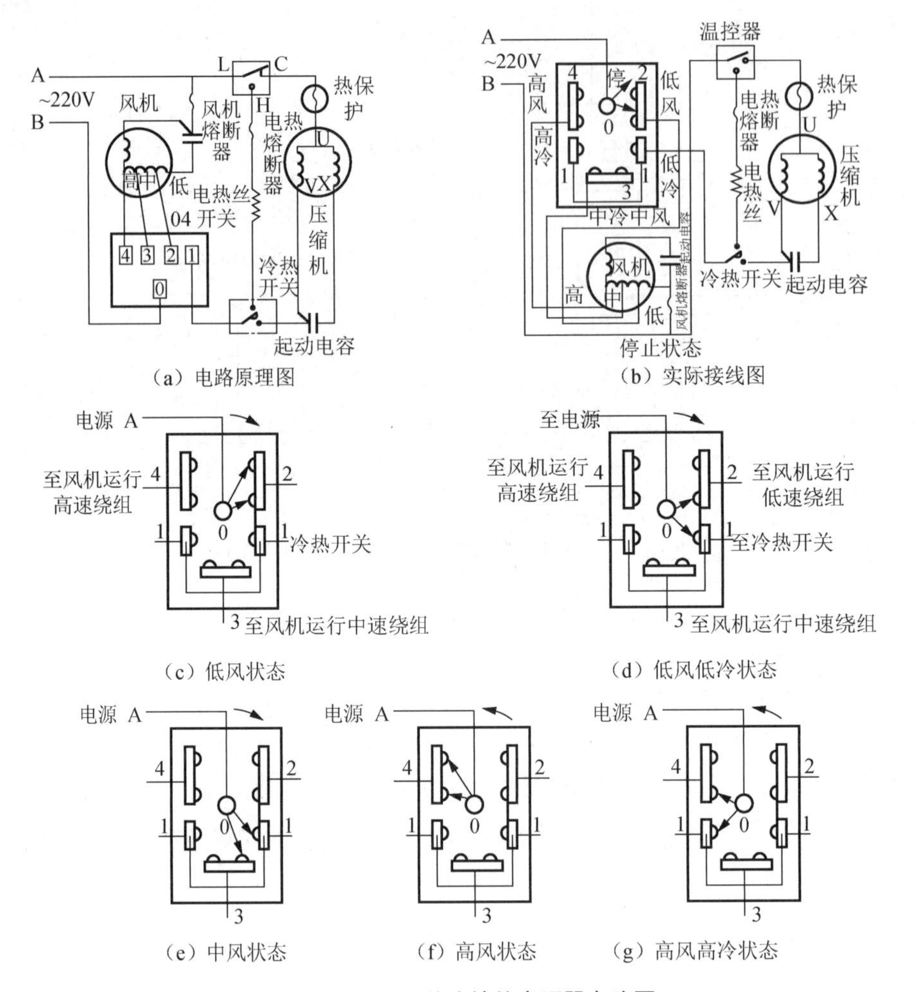

（a）电路原理图　（b）实际接线图

（c）低风状态　（d）低风低冷状态

（e）中风状态　（f）高风状态　（g）高风高冷状态

图 1-21　用 04 开关连接的空调器电路图

（2）四通换向阀。

四通换向阀上有四根连接管，两端盖上分别焊有毛细管，与电磁阀体上的毛细管相通。四通阀体内装有半圆阀座、滑块以及两个活塞。阀座上有三个孔，由阀体外插进三根铜管，半圆阀座、筒体及铜管同时用银合金钎焊在一起。滑块就是阀门，它在阀座上可以左右移动。当滑块左移时，半圆形滑块盖住左边两孔。使盖住的两孔相通，右边一孔与筒体连通。当滑块右移时，它就盖住右边的两孔，左边一孔与筒体连通。这样就能使制冷剂在系统内改变流向，如图 1-22 所示。

2）工作原理

下面介绍工作原理。

（1）热泵空调器制冷运行时，电磁导向阀电源被切断。电磁导向阀保持在左移的位置，即右阀门被关闭，左阀门打开并与中间孔相通，如图 1-23 所示。

由于毛细管口被阀芯 A 关闭而不通，四通阀体内右侧活塞上的导压小孔向右侧充气，压力升高，而毛细管 C、E 相通，活塞 2 外侧的高压气体（由左活塞上的导压孔进入）经毛细管 C 与 E 向 2 号管排泄。由于活塞小孔孔径远比毛细管内径小，来不及补充气体，使这一区域成为低压区。活塞右侧压力大于左侧压力，在左右两端压差作用下推动活塞与滑块向左移动，移动至左活塞到底端为止，此时，滑块盖住 1 号和 2 号阀孔，这两孔相通，3 号管与排气管连通，此时系统流程为制冷循环。

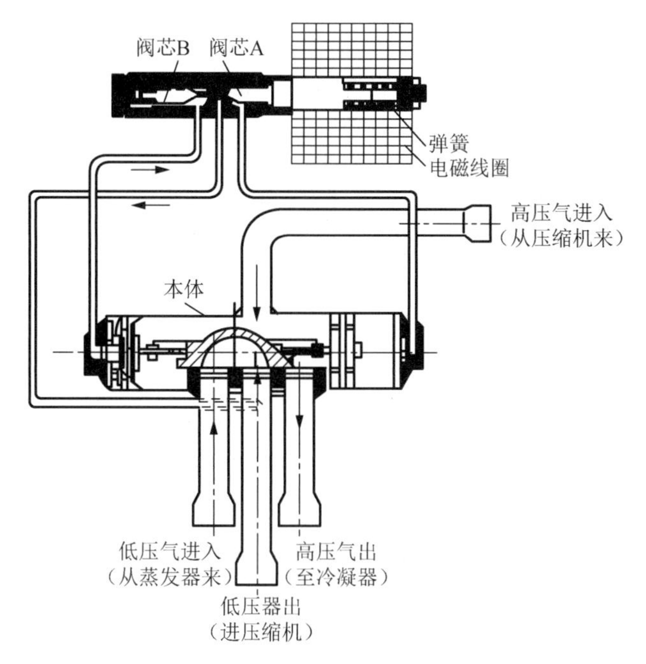

图 1-22　电磁四通换向阀的结构

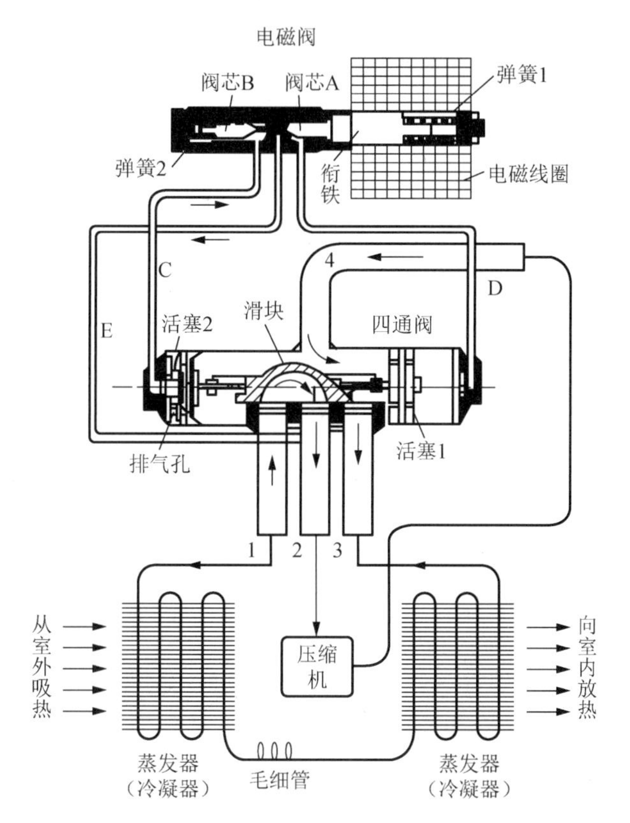

图 1-23　热泵空调器制冷原理图

（2）制热运行时，电磁换向阀线圈接通，磁场力吸引衔铁克服弹簧力向右移动，两个阀芯也同时向右移动（联动），阀芯 B 关闭左阀孔，阀芯 A 打开右阀孔，毛细管 E、D 相通。

四通阀右端盖内的高压气体经管 D 和管 E 流向压缩机吸气管，使右端盖内压力等于吸气压力，而左端盖内，由于管 C 被堵住，高压气体从活塞 2 的小孔充气，使压力升至排气压力。这样左端压力高于右端压力，滑块与活塞组一起向右移动，滑块将管 2 与管 3 接通，制冷剂蒸汽从室外换热器（做蒸发器用）流出，被压缩机吸入；而管 1 与管 4 相通，压缩机排出的高压蒸汽经管 4 和管 1 进入室内换热器（作冷凝器用）。这就是四通电磁换向阀在热泵型空调器制热时所处的状态，由此完成系统的制热运行。图 1-24 所示为热泵空调器制热原理图。

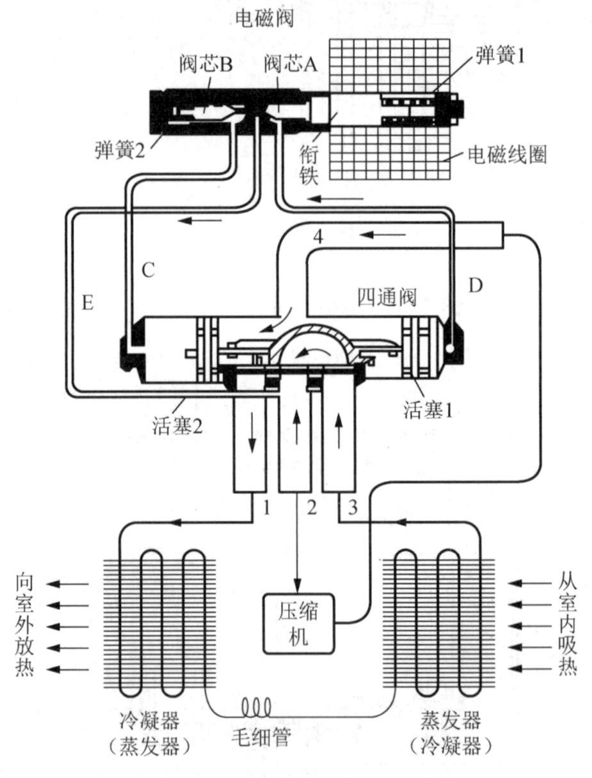

图 1-24 热泵空调器制热原理图

第 2 章　建筑制图设计基础

在介绍暖通空调设计之前，本章主要介绍施工图的分类及组成、建筑工程施工图符号及图例说明、建筑图和结构图的综合识图方法及注意事项。

2.1　施工图的分类及组成

工程图纸设计按在项目建设的不同阶段可以分为初步设计阶段、技术设计阶段和施工图设计阶段。

（1）初步设计是对批准的设计任务书提出的内容进行概略的计划，做出初步的规定。它的任务是在指定的地点、控制的投资额和规定的期限内，保证拟建工程在技术上的可靠性和经济上的合理性，对建设项目制定基本的技术方案，同时编制出项目的设计总概算。根据设计任务书的要求和收集到的必要基础资料，结合基地环境，综合考虑技术经济条件和建筑艺术的要求，对建筑总体布置、空间组合进行可能与合理的安排，提出两个或多个方案供建设单位选择。在已确定方案基础上，进一步充实完善，综合成为较理想的方案并绘制成初步设计图纸供主管部门审批。

（2）技术设计的图纸和文件与初步设计大致相同，但更详细。具体内容包括整个建筑物和各个局部的具体做法，各部分确切的尺寸关系，内外装修的设计，结构方案的计算和具体内容，各种构造和用料的确定，各种设备系统的设计和计算，各技术工种之间种种矛盾的合理解决，设计预算的编制等。这些工作都是在有关各技术工种共同商议之下进行的，并应相互认可。对于不太复杂的工程技术设计阶段可以省略，把这个阶段的一部分工作纳入初步设计阶段（承担技术设计部分任务的初步设计称为扩大初步设计），另一部分工作留待施工图设计阶段进行。

（3）施工图设计是建筑设计的最后阶段，是提交施工单位进行施工的设计文件，必须根据上级主管部门审批同意的初步设计（或技术设计）进行施工图设计。施工图设计的主要任务是满足施工要求，即在初步设计或技术设计的基础上，综合建筑、结构、设备各工种，相互交底、核实核对，深入了解材料供应、施工技术、设备等条件，把满足工程施工的各项具体要求反映在图纸中，做到整套图纸齐全统一、明确无误。

建筑工程的施工图包括总平面图、建筑施工图、结构施工图、给水排水、暖通空调、电气等各专业图纸，各专业图纸前要有设计说明，每本图纸前附有图纸目录。

2.2 建筑工程施工图符号及图例说明

为了保证建筑图纸内容的统一，保证图纸质量，提高制图与识图效率，国家主管部门制定了《房屋建筑制图统一标准》《建筑结构制图标准》等制图标准、规范，对建筑制图图例符号的要求与规则做了统一规定。下面依据最新规范简要介绍相关内容。

2.2.1 剖切符号

1. 剖视的剖切符号

剖视的剖切符号由剖切位置线与投射方向线组成，均以粗实线绘制。剖切位置线的长度宜为 6～10mm；投射方向线应垂直于剖切位置线，长度应短于剖切位置线，宽度宜为 4～6mm，如图 2-1 所示；剖视剖切符号的编号宜采用阿拉伯数字，注写在剖视方向线的端部；需要转折的剖切位置线，应在转角的外侧加注与该符号相同的编号。

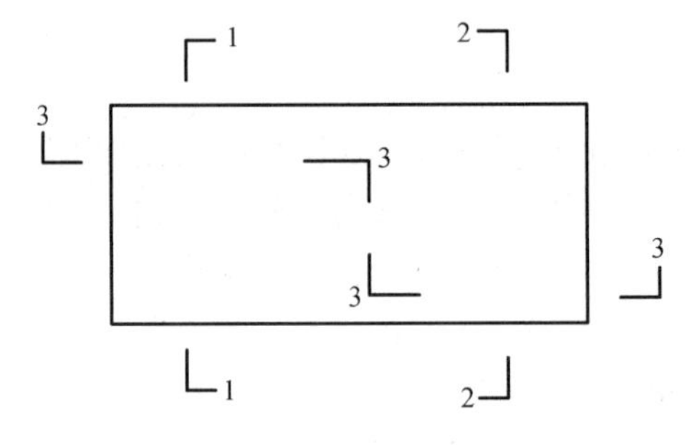

图 2-1 剖视的剖切符号

2. 断面的剖切符号

断面的剖切符号只用剖切位置线表示，并以粗实线绘制，长度宜为 6～10mm；断面剖切符号的编号用阿拉伯数字，注写在剖切位置线的一侧，编号所在一侧应为该断面的剖视方向，如图 2-2 所示。

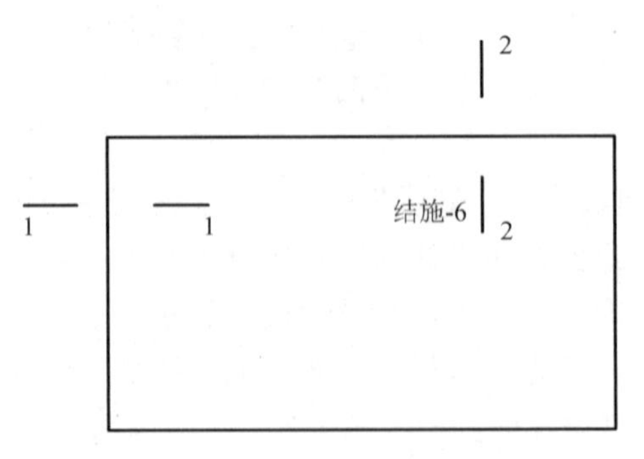

图 2-2 断面的剖切符号

若剖面图或断面图与被剖切图样不在同一张图内，可在剖切位置线的另一侧注明其所在图纸的编号，也可以在图上集中说明。

2.2.2　索引符号与详图符号

索引符号是由直径为 8～10mm 的圆和水平直径组成的，圆及水平直径线宽宜为 0.25b 且均以细实线绘制，如图 2-3（a）所示。若索引出的详图与被索引的详图在同一张图纸内，应在索引符号的上半圆中用阿拉伯数字注明该图的编号，并在下半圆中间画一水平细实线，如图 2-3（b）所示；若索引出的详图与被索引的详图不在同一张图纸内，应在索引符号的上半圆中用阿拉伯数字注明该详图的编号，在索引符号的下半圆中用阿拉伯数字注明该详图所在图纸的编号，如图 2-3（c）所示；索引出的详图，若采用标准图，应在索引符号水平直径的延长线上加注该标准图册的编号，如图 2-3（d）所示。

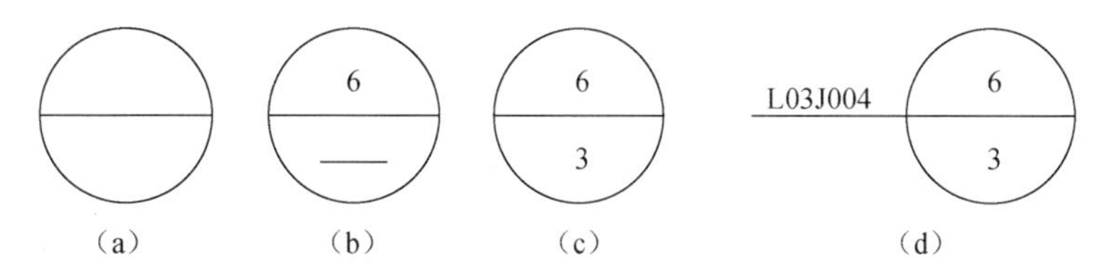

图 2-3　索引符号

索引符号如用于索引剖视详图，应在被剖切的部位绘制剖切位置线，并以引出线引出索引符号，引出线所在的一侧应为剖视方向，如图 2-4 所示。

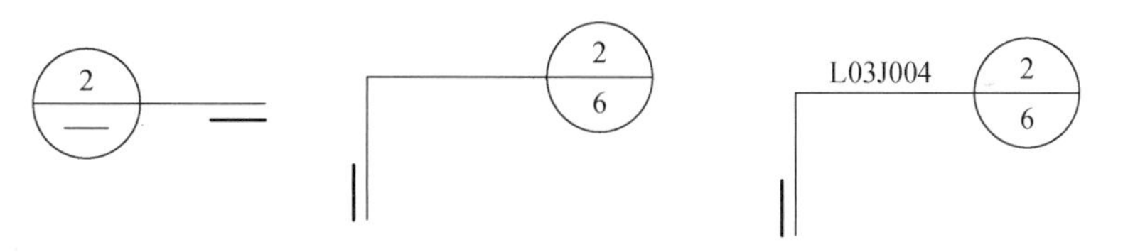

图 2-4　剖切的索引符号

详图符号的圆应以直径为 14mm 的粗实线绘制。详图与被索引的图样在同一张图纸内时，应在详图内用阿拉伯数字注明详图的编号，如图 2-5（a）所示；详图与被索引的图样不在同一张图纸内时，应用细实线在详图符号内画一水平直径，在上半圆中注明详图编号，在下半圆中注明被索引的图纸编号，如图 2-5（b）所示。

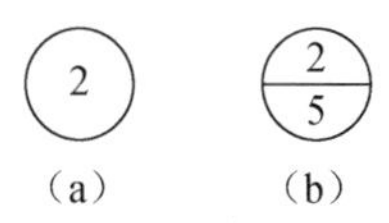

图 2-5　详图符号

2.2.3　引出线

引出线应以细实线绘制，宜采用水平方向的直线，或与水平方向成 30°、45°、60°、

90°的直线，并经上述角度再折为水平线，文字说明宜注写在水平线的上方或端部。索引详图的引出线，应与水平直径线相连接，如图 2-6 所示；同时引出几个相同部分的引出线，宜互相平行，也可画成集中于一点的放射线，如图 2-7 所示；多层构造或多层管道共用引出线，应通过被引出的各层，文字说明宜注写在水平线的端部，说明顺序应由上而下，并应与被说明的层次相互一致，如图 2-8 所示。

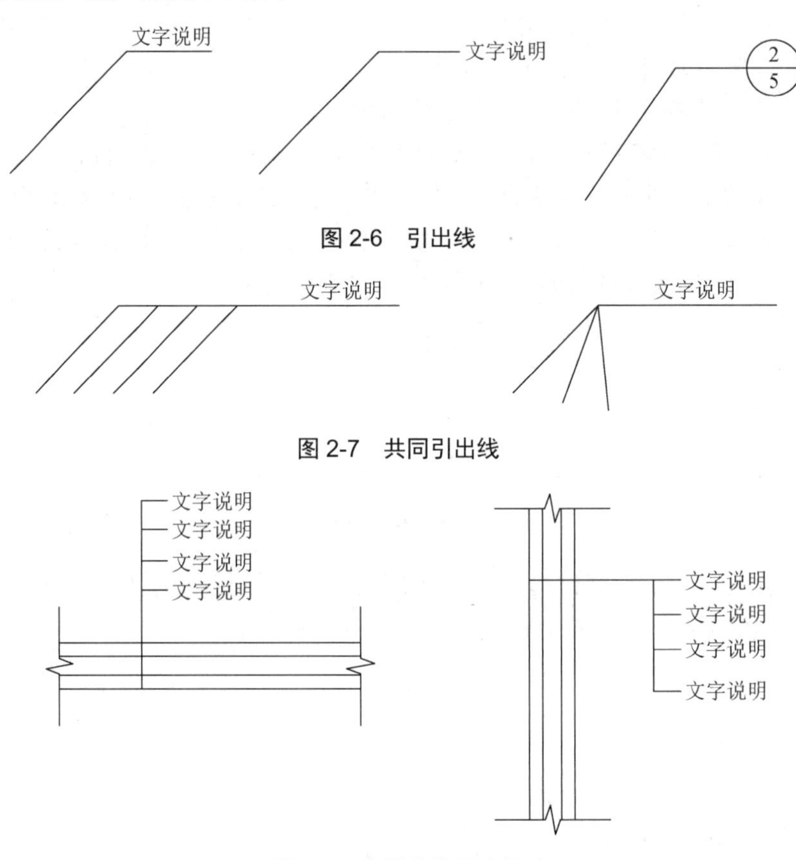

图 2-6 引出线

图 2-7 共同引出线

图 2-8 多层构造引出线

2.2.4 定位轴线

定位轴线应用单点长画线绘制，其编号应注写在轴线端部的圆内，直径为 8～10mm，平面图上定位轴线的编号宜标注在图样的下方与左侧，横向编号应从左至右用阿拉伯数字编写，竖向编号应从下至上用大写拉丁字母编写，如图 2-9 所示。关于定位轴线的编写还有以下规定：拉丁字母 I、O、Z 不能用作轴线编号，如字母数量不够，可增用双字母或单字母加注数字注脚，如 A_A、B_A 或 A_1、B_1。

对于组合结构较为复杂的建筑平面图，定位轴线也可采用分区编号，编号形式为“分区号-该分区轴线编号”。分区号采用阿拉伯数字或大写拉丁字母表示，如图 2-10 所示。

附加定位轴线的编号应以分数形式表示，分母表示前一轴线的编号，分子表示附加轴线的编号，编号宜采用阿拉伯数字表示。在 1 号或 A 号轴线之前的附加轴线的分母应以 01

或 0A 表示，如图 2-11 所示。

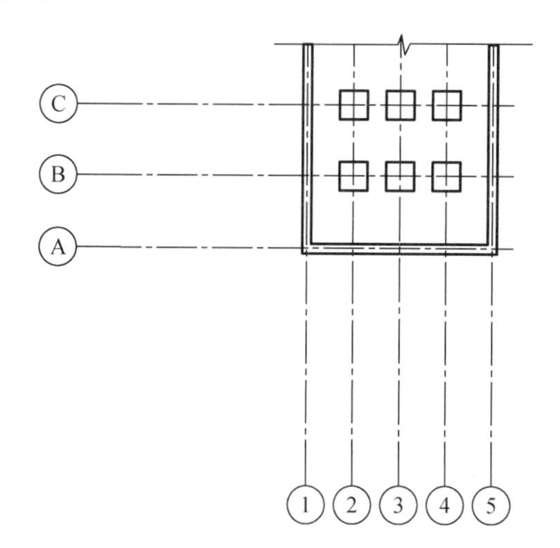

图 2-9　定位轴线的编号

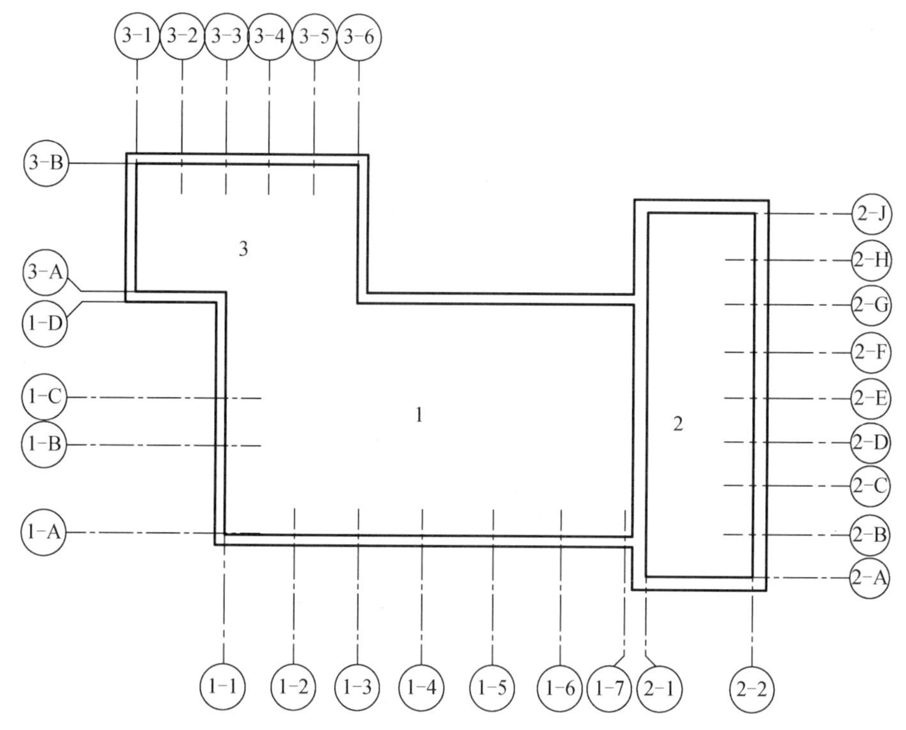

图 2-10　定位轴线的分区编号

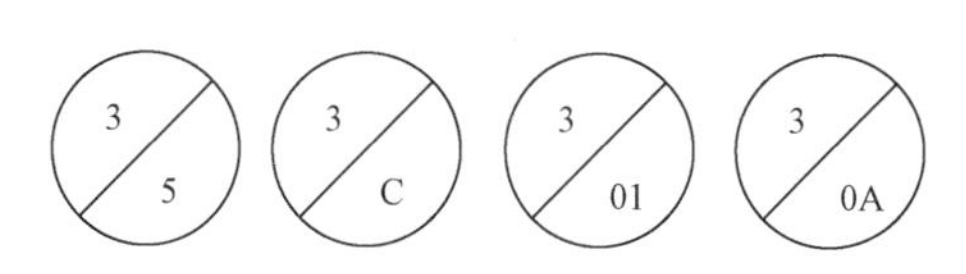

图 2-11　附加定位轴线

一个详图适用于几根轴线时，应同时注明各相关轴线的编号，如图 2-12 所示。

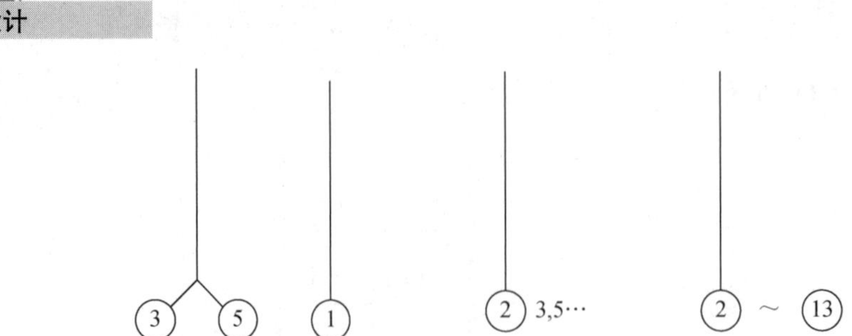

图 2-12　详图和轴线编号

通用详图中的定位轴线，应只画图，不注写轴线编号，如图 2-13 所示。

圆形与弧形平面图中定位轴线的编号，其径向轴线宜用阿拉伯数字表示，从左下角或 -90°（若径向轴线很密，角度间隔很小）开始，按逆时针顺序编写，其圆周轴线宜用大写拉丁字母表示，从外向内顺序编写，如图 2-14 所示。

图 2-13　通用详图中的定位轴线无编号

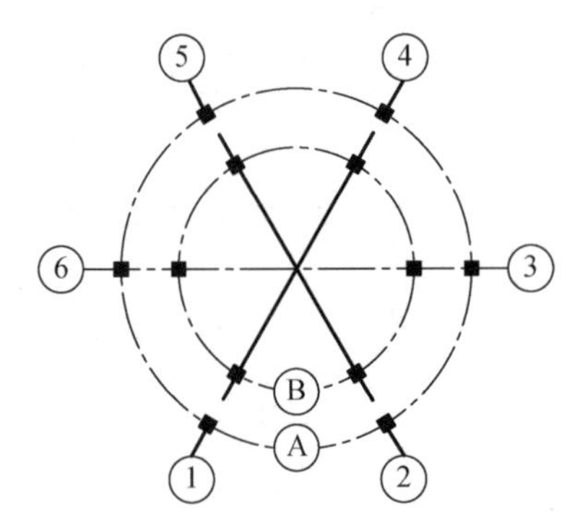

图 2-14　圆形平面图的定位轴线编号

折线形平面图中定位轴线的编号可按图 2-15 所示形式编写。

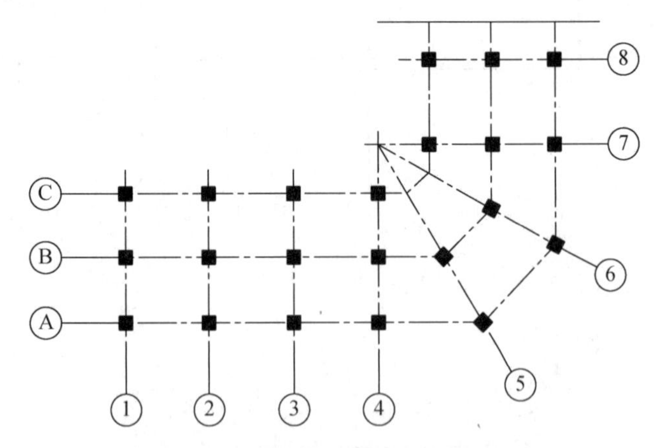

图 2-15　折线形平面图的定位轴线编号

2.2.5 总平面图图例

总平面图图例如表2-1所示。

表2-1 总平面图图例

序 号	名 称	图 例	备 注
1	新建建筑物	B ▲	1.需要时，可用▲表示出入口，可在图形内右上角用点数表示层数； 2.建筑物外形（一般以±0.000高度处的外墙定位轴线或外墙线为准）用粗实线表示。需要时，地面以上建筑用中粗实线表示，地面以下建筑用细虚线表示
2	原有建筑物		用细实线表示
3	计划扩建的预留地或建筑物		用中粗虚线表示
4	拆除的建筑物		用细实线表示
5	建筑物下面的通道		
6	散状材料露天堆场		需要时可注明材料名称
7	其他材料露天堆场或露天作业场		
8	铺砌场地		

续表

序 号	名 称	图 例	备 注
9	敞棚或敞廊	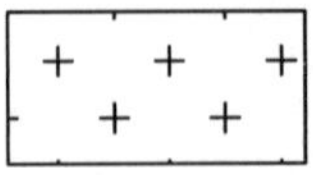	
10	高架式料仓	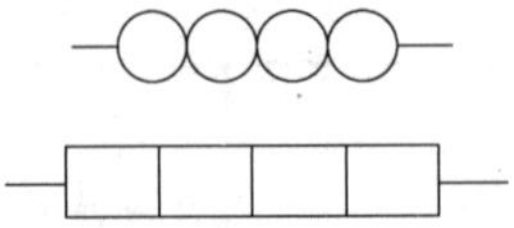	
11	漏斗式贮仓		左右图为底卸式，中图为侧卸式
12	冷却塔（池）		应注明冷却塔或冷却池
13	水塔、贮罐	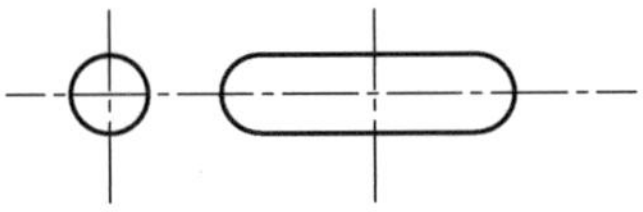	左图为水塔或立式贮罐，右图为卧式贮罐
14	水池、坑槽		也可以不涂黑
15	明溜矿槽（井）	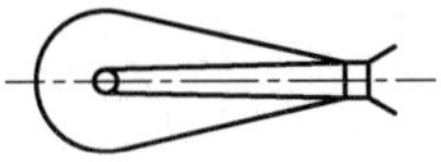	
16	斜井或平洞		
17	烟囱	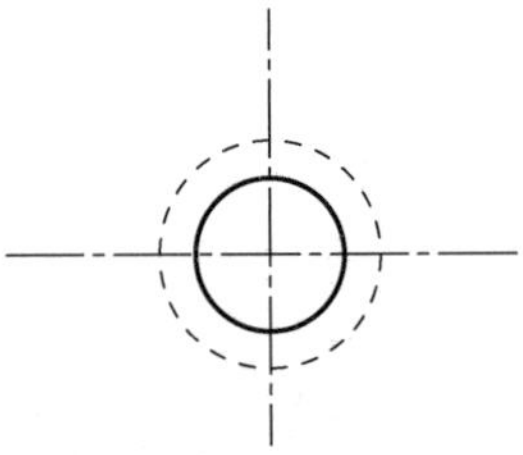	实线为烟囱下部直径，虚线为基础，必要时可注写烟囱高度和上、下口直径
18	围墙及大门	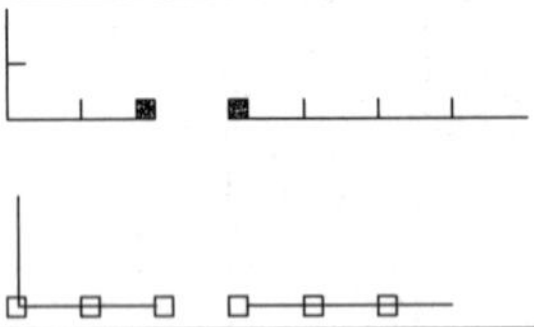	上图为实体性质的围墙，下图为通透性质的围墙，若仅表示围墙时不画大门
19	挡土墙		被挡土在“凸出”的一侧
20	挡土墙上高围墙		
21	台阶	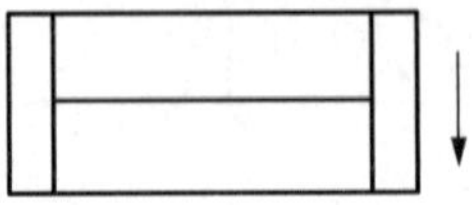	箭头指向表示向下

续表

序　号	名　称	图　例	备　注
22	露天桥式起重机	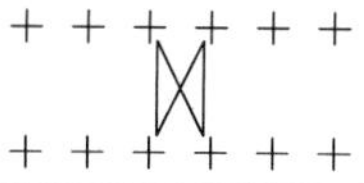	“+”为柱子位置
23	露天电动葫芦	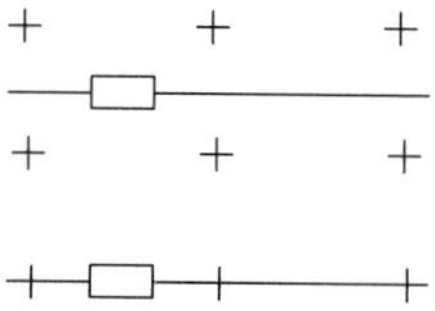	“+”为支架位置
24	门式起重机	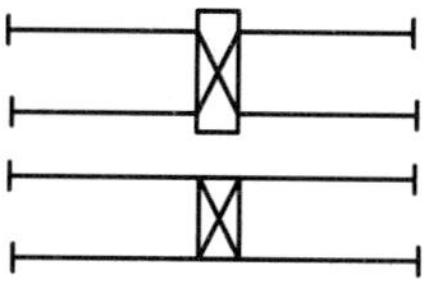	上图表示有外伸臂，下图表示无外伸臂
25	架空索道	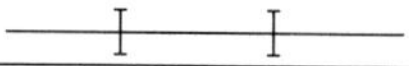	“I”为地支架位置
26	斜坡卷扬机道		
27	斜坡栈桥（皮带廊等）	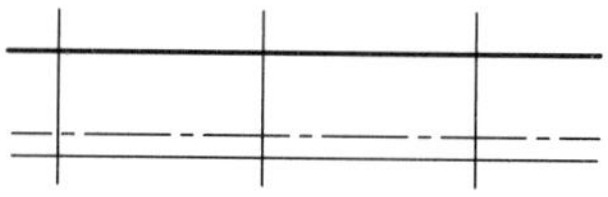	细实线表示支架中心线位置
28	坐标	 X105.00 Y425.00 A105.00 B425.00	上图表示测量坐标，下图表示建筑坐标
29	方格网交叉点标高	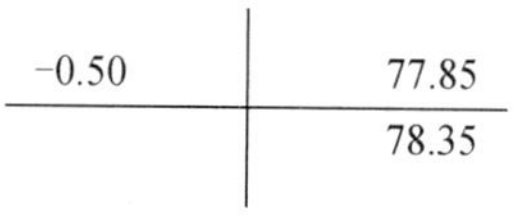 −0.50　77.85　78.35	“78.35”为原地面标高，“77.85”为设计标高，“−0.50”为施工高度，“−”表示挖方（“+”表示填方）
30	填方区、挖方区、未整平区及零点线	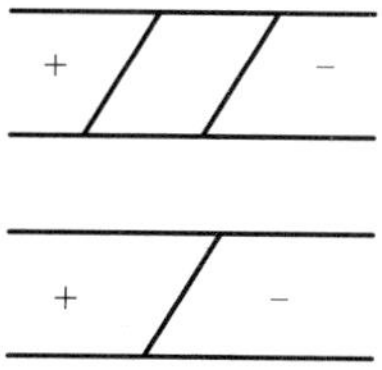 +　− +　−	“+”表示填方区，“−”表示挖方区，中间为未整平区，实线为零点线
31	填挖边坡	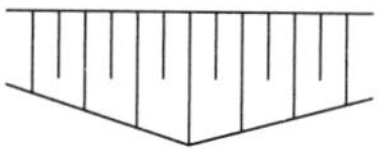	1.边坡较长时，可在一端或两端局部表示； 2.下边线为虚线时表示填方
32	护坡	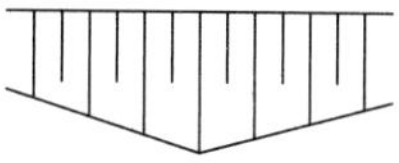	

续表

序 号	名 称	图 例	备 注
33	分水脊线与谷线		上图表示脊线，下图表示谷线
34	地表排水方向		
35	截水沟或排水沟	I 40.00	“I”表示 1%的沟底纵向坡度，“40.00”表示变坡点间距离，箭头表示水流方向
36	排水明沟	107.30 I 40.00 I 40.00	1.上图用于比例较大的图面，下图用于比例较小的图面； 2.“I”表示 1%的沟底纵向坡度，“40.00”表示变坡点间距离，箭头表示水流方向； 3.“107.30”表示沟底标高
37	铺砌的排水明沟	107.30 I 40.00 107.30 I 40.00	1.上图用于比例较大的图面，下图用于比例较小的图面； 2.“I”表示 1%的沟底纵向坡度，“40.00”表示坡点间距离，箭头表示水流方向； 3.“107.30”表示沟底标高
38	有盖的排水沟	I 40.00 I 40.00	1.上图用于比例较大的图面，下图用于比例较小的图面； 2.“I”表示 1%的沟底纵向坡度，“40.00”表示变坡点间距离，箭头表示水流方向

续表

序　号	名　称	图　例	备　注
39	雨水口		
40	消火栓井		
41	急流槽		箭头表示水流方向
42	跌水		
43	拦水（闸）坝		
44	透水路提		边坡较长时，可在一端或两端局部表示
45	过水路面		
46	室内标高	151.00(±0.00)	
47	室外标高	●143.00　▼143.00	室外标高也可采用等高线表示

2.2.6　常用建筑材料图例

常用建筑材料图例如表 2-2 所示。

表 2-2　常用建筑材料图例

序　号	名　称	图　例	备　注
1	自然土壤		包括各种自然土壤
2	夯实土壤		
3	砂、灰土		靠近轮廓线绘较密的点

续表

序　号	名　称	图　例	备　注
4	砂砾石、碎砖三合土	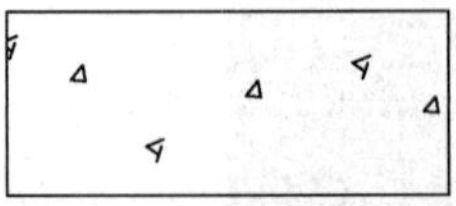	
5	石材	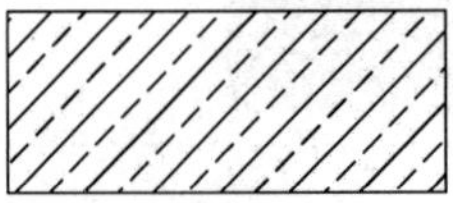	
6	毛石	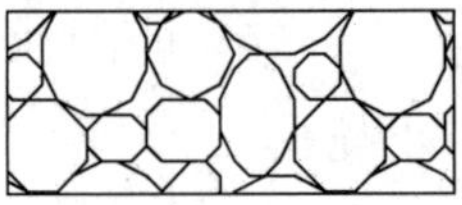	
7	实心砖、多孔砖	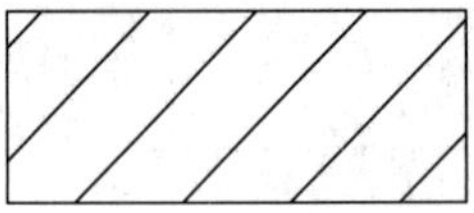	包括普通砖、多孔砖、混凝土砖等砌体
8	耐火砖	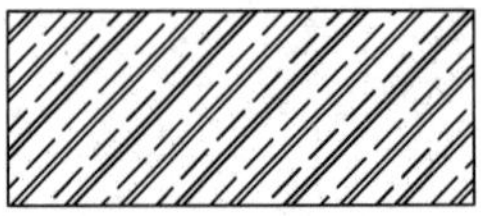	包括耐酸砖等砌体
9	空心砖	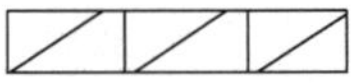	指非承重砖砌体
10	饰面砖	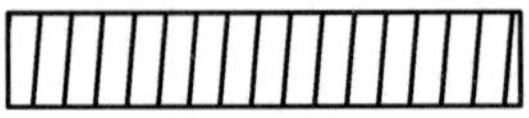	包括铺地砖、马赛克、陶瓷锦砖、人造大理石等
11	焦渣、矿渣	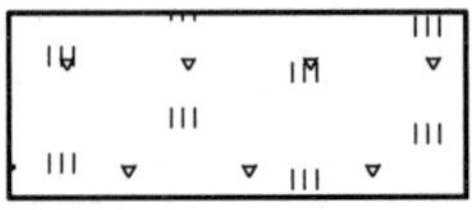	包括与水泥、石灰等混合而成的材料
12	混凝土	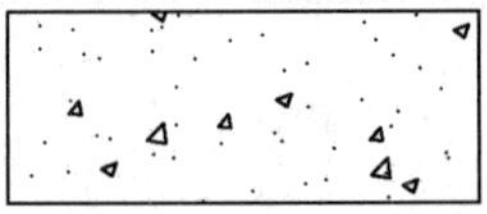	1.本图例指能承重的混凝土及钢筋混凝土； 2.包括各种强度等级、骨料、添加剂的混凝土； 3.在剖面图上画出钢筋时，不画图例线； 4.断面图形小，不易画出图例线时，可涂黑
13	钢筋混凝土	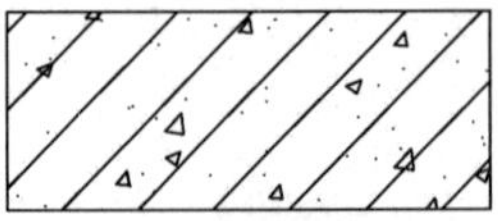	
14	多孔材料	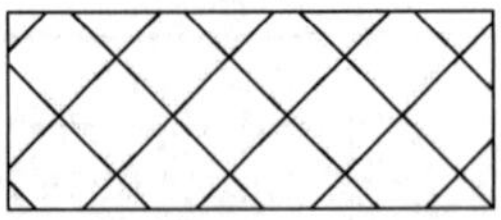	包括水泥珍珠岩、沥青珍珠岩、泡沫混凝土、非承重加气混凝土、软木、蛭石制品等
15	纤维材料	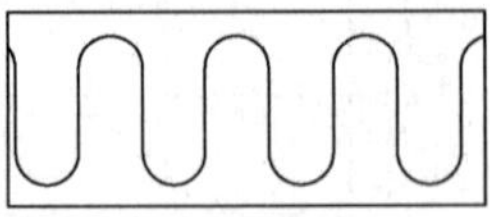	包括矿棉、岩棉、玻璃棉、麻丝、林丝板、纤维板等

续表

序　号	名　称	图　例	备　注
16	泡沫塑料材料	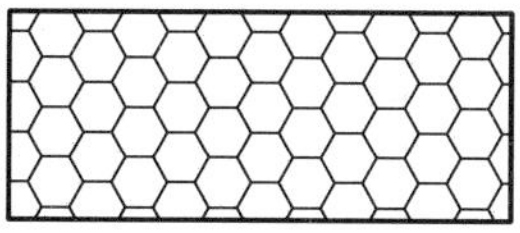	包括聚苯乙烯、聚乙烯、聚氨酯等多孔聚合物理学类材料
17	木材		1.上图为横断面，上左图为垫木、木砖或木龙骨； 2.下图为纵断面
18	胶合板	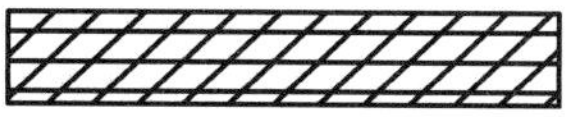	应注明为×层胶合板
19	石膏板	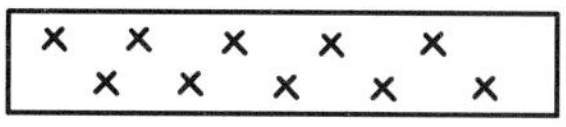	包括圆孔、方孔石膏板，防水石膏板等
20	金属	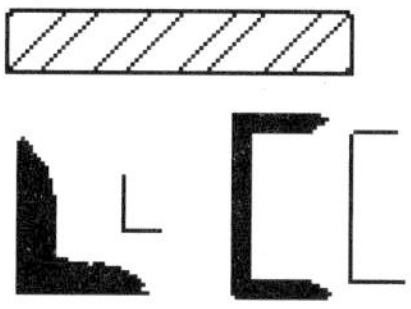	1.包括各种金属； 2.图形较小时，可涂黑或深灰（灰度宜为70%）
21	网状材料		1.包括金属、塑料网状材料； 2.应注明具体材料名称
22	液体	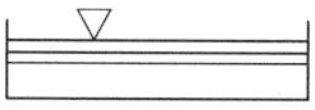	应注明具体液体名称
23	玻璃	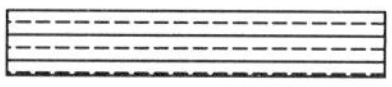	包括平板玻璃、磨砂玻璃、夹丝玻璃、钢化玻璃、中空玻璃、加层玻璃、镀膜玻璃等
24	橡胶	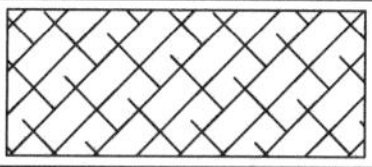	
25	塑料	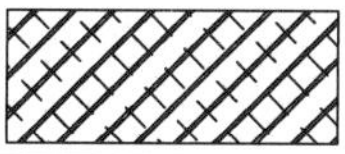	包括各种软、硬塑料及有机玻璃等
26	防水材料		构造层次多或比例大时，采用上面图例
27	粉刷	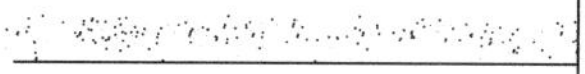	本图采用较稀的点

注：1. 序号 1、2、5、7、8、13、14、20 图例中的斜线、短斜线、交叉斜线等一律为 45°。

2. 如需表达砖、砌块等砌体墙的承重情况，可通过在原有建筑材料图例上增加填灰等方式进行区分，灰度宜为 25%左右。

2.2.7　常用构件代号

常用构件代号如表 2-3 所示。

表 2-3 常用构件代号

序 号	名 称	代 号	序 号	名 称	代 号
1	板	B	28	屋架	WJ
2	屋面板	WB	29	托架	TJ
3	空心板	KB	30	天窗架	CJ
4	槽形板	CB	31	框架	KJ
5	折板	ZB	32	刚架	GJ
6	密肋板	MB	33	支架	ZJ
7	楼梯板	TB	34	柱	Z
8	盖板或沟盖板	GB	35	框架柱	KZ
9	挡雨板或檐口板	YB	36	构造柱	GZ
10	吊车安全走道板	DB	37	承台	CT
11	墙板	QB	38	设备基础	SJ
12	天沟板	TGB	39	桩	ZH
13	梁	L	40	挡土墙	DQ
14	屋面梁	WL	41	地沟	DG
15	吊车梁	DL	42	柱间支撑	ZC
16	单轨吊车梁	DDL	43	垂直支撑	CC
17	轨道连接	DGL	44	水平支撑	SC
18	车挡	CD	45	梯	T
19	圈梁	QL	46	雨棚	YP
20	过梁	GL	47	阳台	YT
21	连系梁	LL	48	梁垫	LD
22	基础梁	JL	49	预埋件	M-
23	楼梯梁	TL	50	天窗端壁	TD
24	框架梁	KL	51	钢筋网	W
25	框支梁	KZL	52	钢筋骨架	G
26	屋面框架梁	WKL	53	基础	J
27	檩条	LT	54	暗柱	AZ

注：1. 预制钢筋混凝土构件、现浇钢筋混凝土构件、钢构件和木构件，一般可直接采用本表的构件代号。在绘图中，当需要区别上述构件的材料种类时，可在构件代号前加注材料代号，并在图纸中加以说明。

2. 预应力钢筋混凝土构件代号，应在构件代号前加注“Y-”，如 Y-DL 表示预应力钢筋混凝土吊车梁。

2.3 建筑图和结构图的综合识图方法

前面我们已经说过，建筑图主要是说明建筑工程的外部形状、内部空间布置、装饰要求、功能分区等方面内容，而结构图则是实现建筑图的所有功能要求的物质保障，也就是说建筑图中所列出的所有建筑功能必须由结构图来保证实现，如果结构上不能成立，则建筑图上的功能就不可能实现。因此建筑图与结构图是建筑工程施工图中密不可分的两个部分，在识图过程中必须相互结合起来看。

要想更好地识读建筑图与结构图，我们必须了解二者之间的联系与区别。

首先，建筑图与结构图是同一建筑物的两种不同的专业图，它们所描述的建筑物的外形、内部空间布置、功能分区等情况要一致。因此，对于建筑结构定位用的定位轴线的位置及编号应当具有一致性；二者的梁、柱、墙体、门窗、洞口及楼梯间等承重构件与围护构件的位置要相同，这些相同点是将建筑图与结构图结合看的关键。若在读图过程中发现这些地方有所不同，就要记录下来，然后找设计人员予以解决。

其次，建筑图与结构图是不同专业的图纸，这就决定了它们所表述的内容是不同的。结构图上的构件尺寸是在做好装饰前的，而建筑图上的构件尺寸是在做好装饰后的。因此，有时建筑图上的标高、尺寸与结构图上的标高、尺寸是不相同的，一些非承重墙等构件，在结构图中是没有表述的，只有在建筑图中才有表述。

综上所述，我们在看施工图的过程中，就要将建筑图与结构图结合起来看，认清它们之间的联系与区别，才能全面地把握建筑物的全部面貌。

2.4　识图的注意事项

（1）要想看懂施工图，必须掌握施工图的绘制原理及其图例说明，这是建筑识图的最起码要求。

（2）要想快速熟悉整套施工图的内容，应首先在心中形成这一建筑的立体效果图，要想形成一个立体效果图，可以通过阅读建筑方案效果图，建筑图中的平、立、剖面图来完成。只有这样，才能很好地将各种专业图纸的内容相互结合。

（3）读图时应按照先粗后细，先大后小，先整体后局部的顺序。

（4）看图时，要注意各专业图纸之间的配合阅读，各图中的内容要相互协调统一。如图中构件定位用的定位轴线，不仅在各专业图纸内部要一致，各专业图纸之间也要保持一致。

（5）在对图纸比较熟悉之后，要特别注意图纸中的细节处理，如建筑图与安装图中的预留洞口与结构图是否冲突，如果发生冲突，就要记录下来，然后与设计单位进行联系。

第 3 章　空调施工图设计

本章介绍如何识读空调施工图，为进一步进行暖通空调设计打下基础。

3.1　空气处理和消声减振

空调空气系统由处理空气、输送空气、分配空气和减振构件四个主要部分组成。

3.1.1　处理空气

处理空气部分包括净化、热湿处理，将新风（或包括部分回风）处理成送风状态。空气处理设备有表面式空气加热器、裸线式电加热器、喷水室、干式蒸汽加湿器、氯化钙吸湿装置、过滤器等。表面式空气加热器如图 3-1 所示。裸线式电加热器如图 3-2 所示。

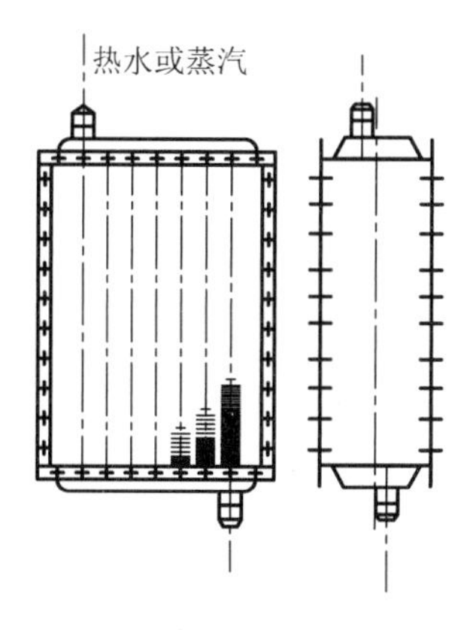

图 3-1　表面式空气加热器

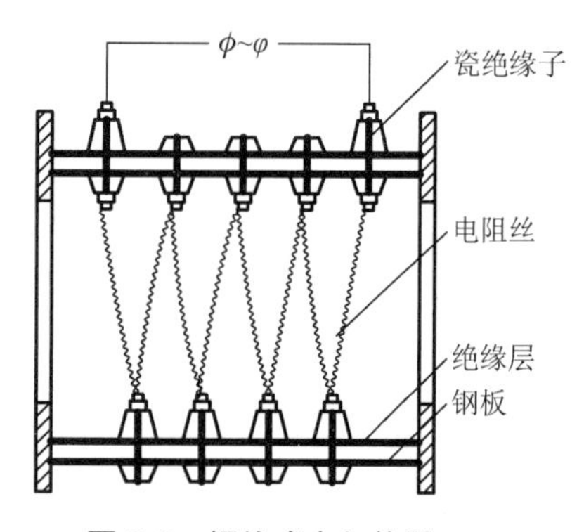

图 3-2　裸线式电加热器

单级卧式喷水室的构造如图 3-3 所示。干式蒸汽加湿器的构造如图 3-4 所示。氯化钙吸湿装置如图 3-5 所示。

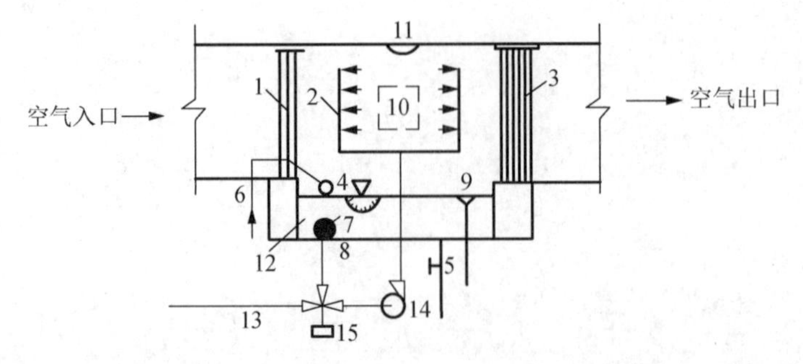

1—前挡水板；2—喷嘴与排管；3—后挡水板；4—补水浮球阀；5—泄水管；
6—补水管；7—滤水器；8—回水管；9—溢水器；10—检查门；11—防水灯；12—底池；
13—冷冻水管；14—喷水泵；15—三通混合阀

图 3-3 单级卧式喷水室的构造

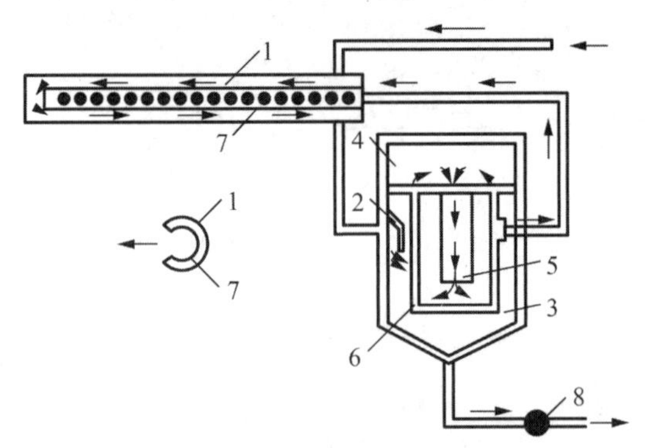

1—喷管外套；2—导流板；3、6—加湿器筒体；4—导流箱；5—导流管；7—加湿器喷管；8—疏流阀

图 3-4 干式蒸汽加湿器的构造

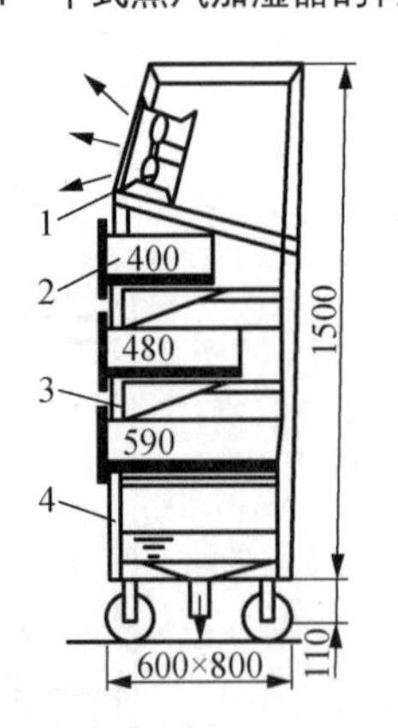

1—轴流风机；2—活动抽屉吸湿层；3—进风口；4—主体骨架

图 3-5 氯化钙吸湿装置

ZJK-1 型自动卷绕式粗过滤器的结构如图 3-6 所示。M 型泡沫塑料过滤器的外形和安装框架如图 3-7 所示。高效纸过滤器的构造如图 3-8 所示。

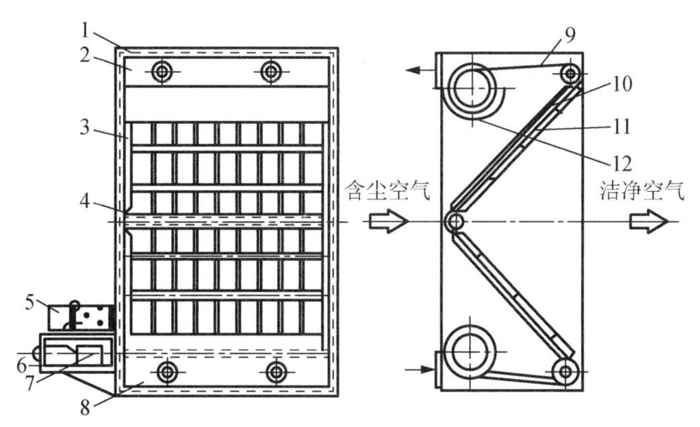

1—连接法兰；2—上箱；3—滤料滑槽；4—改向辊；5—自动控制箱；6—支架；7—双级涡轮减速器；8—下箱；9—滤料；10—挡料栏；11—压料栏；12—限位器

图 3-6　ZJK-1 型自动卷绕式粗过滤器的结构

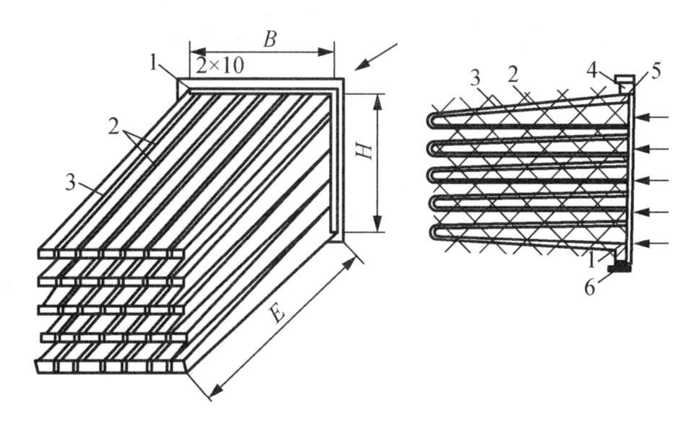

1—角钢边框；2—铅丝支撑；3—泡沫塑料滤层；4—固定螺栓；5—螺母；6—现场安装框架

图 3-7　M 型泡沫塑料过滤器的外形和安装框架

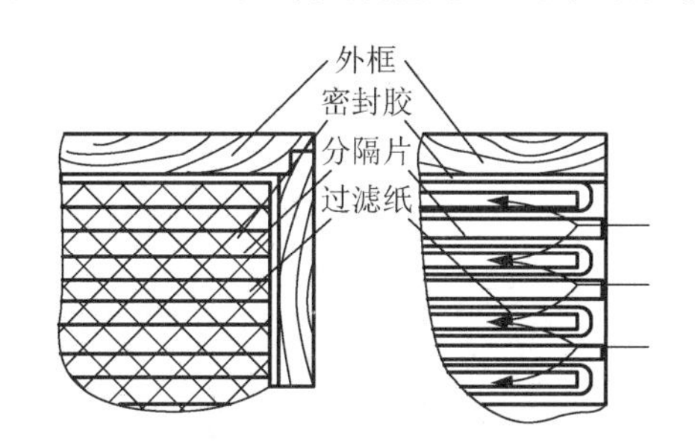

图 3-8　高效纸过滤器的构造

了解并掌握空气处理设备，有利于看懂建筑空气设备图。

3.1.2　输送空气

输送空气部分包括风机、风管、风量调节装置，以及消声、防火设备。风机多采用离心式风机，风管有圆形和矩形两种断面形状。消声器有阻性、共振性、抗性、宽频带复合式等。消声器的构造示意如图 3-9 所示。

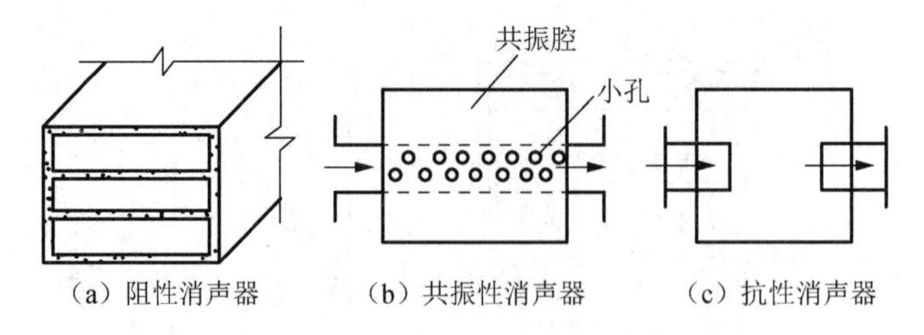

图 3-9　消声器构造示意图

3.1.3　分配空气

分配空气部分包括各种形式的送、回风口。侧向送风口如图 3-10 所示。

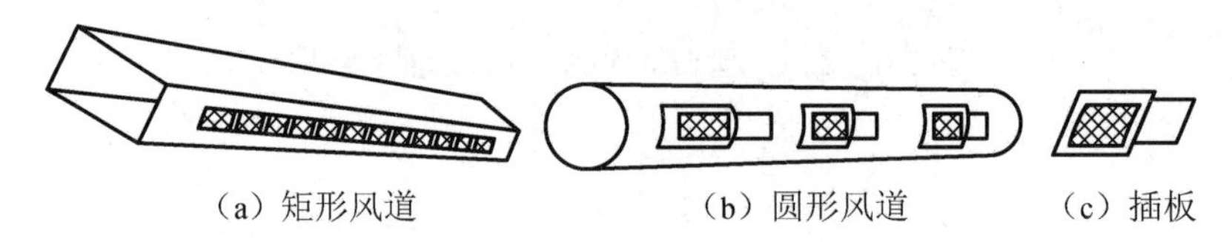

图 3-10　侧向送风口

散流器如图 3-11 所示。

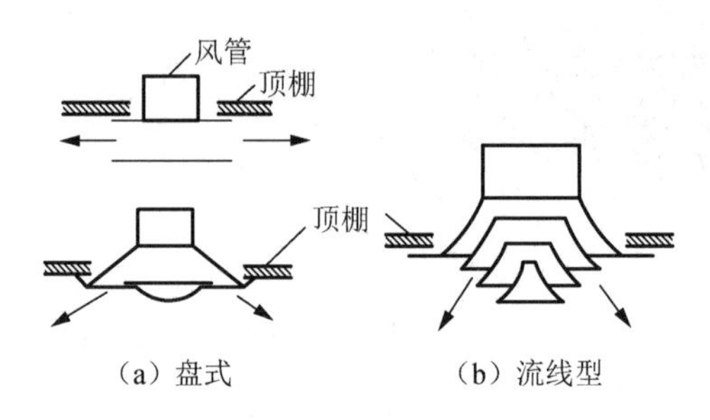

图 3-11　散流器

回风口有金属网式、百叶窗式及设于地面的格栅式和散点式。地面格栅式和散点式回风口如图 3-12 所示。

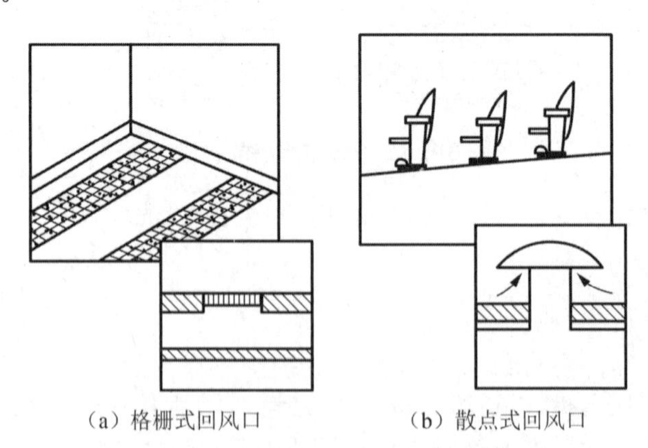

图 3-12　地面格栅式和散点式回风口

3.1.4　减振构件

噪声源产生振动并通过固体传声，可通过围护结构传到其他房间的顶棚、墙壁、地板等构件，使其振动并向室内辐射噪声。要减少设备通过基础和建筑结构传递的噪声，应削弱机器设备传给基础的振动强度。主要方法就是消除机器设备与基础之间的刚性连接，即在振源和基础之间安装减振构件，如弹簧减振器、橡皮、软木等，从而在一定程度上消减振源传到基础的振动。

风机、水泵、冷水机组应固定在型钢台座上，台座下面安装减振器。图3-13所示是风机减振的安装方法。此外，风机、水泵、冷水机组的进出口均应装设软接头，减少振动沿管路的传递。管道吊卡、穿墙处均应做防振处理。

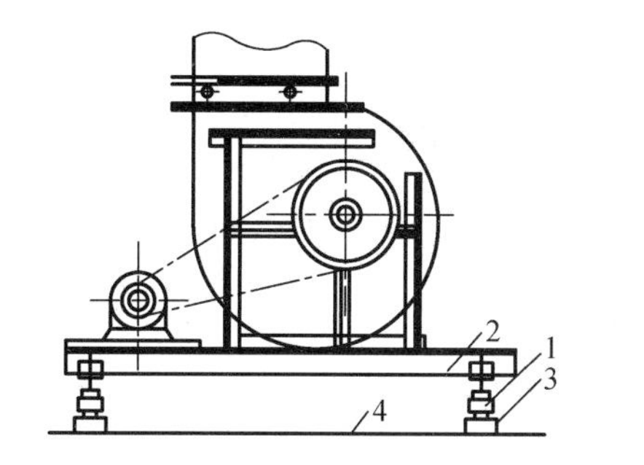

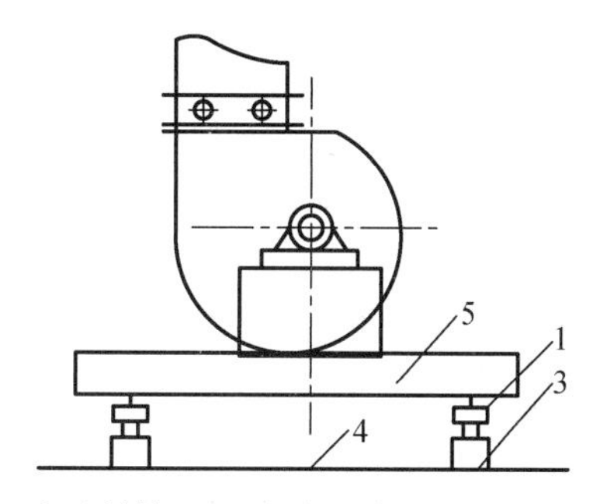

1—减振器；2—钢支架；3—混凝土支架；4—支承结构；5—钢筋混凝土板

图3-13　风机减振的安装方法

3.2　空调工程设备图例

空调工程设备常用图例如表3-1所示。

表3-1　空调工程设备常用图例

序　号	名　称 通风、空调、制冷设备	图　例
1	散热器及手动放气阀	15　15　15
2	散热器及温控阀	15　15
3	轴流风机	
4	轴（混）流式管道风机	

续表

序　号	名　称 通风、空调、制冷设备	图　例
5	离心式管道风机	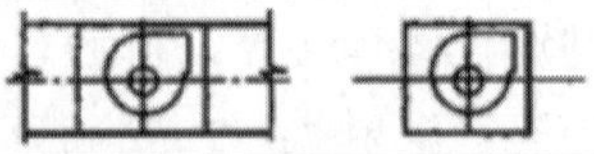
6	吊顶式排气扇	
7	水泵	
8	手摇泵	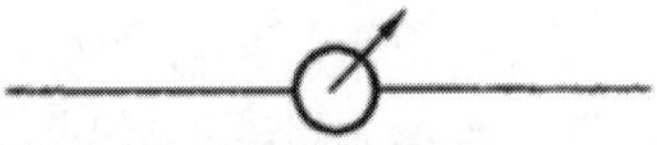
9	变风量末端	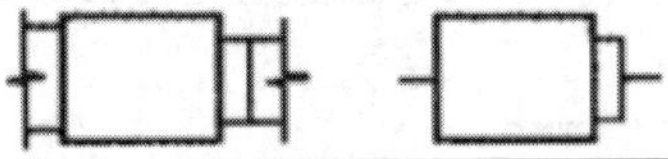
10	空调机组加热、冷却盘管	
11	空气过滤器	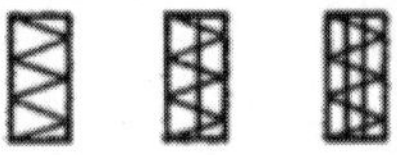
12	挡水板	
13	加湿器	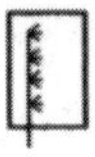
14	电加热器	
15	板式换热器	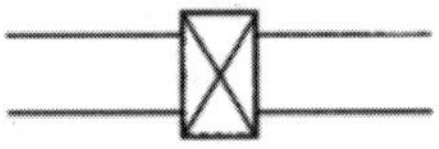
16	立式明装风机盘管	
17	立式暗装风机盘管	
18	卧式明装风机盘管	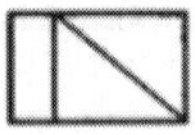

3.3　空调工程图图纸内容和识图

空调工程施工图的图纸与通风工程施工图的图纸组成基本相同，由平面图、剖面图、系统轴测图、详图等图纸组成。

根据空调的系统形式的不同，图纸的复杂程度和图纸张数都有很大区别。通常的新风加风机盘管的中央空调系统施工图包括：风道布置平面图，水管道平面布置图；风道系统的轴测图，水管道系统的轴测图；空调机房内管道的布置平面图；空调机房内工艺流程图；风管道断面的剖面图；各个重要复杂处的节点详图。

3.3.1　空调工程图图纸内容

常用的空调系统施工图图纸主要有平面图和剖面图。

1. 平面图

平面图是通风空调施工图的重要图纸之一，包括各层空调平面图、空调机房平面图等。系统平面图主要表明通风空调设备、系统风道、水管道的平面布置，其内容如下。

（1）双线绘出的风道、异径管、弯头、检查口、测定孔、调节阀、防火阀、送排风口的位置。

（2）单线绘出的水管道、阀门、风机盘管、排气阀等的位置。

（3）空气处理设备的轮廓尺寸、各种设备的定位尺寸。

（4）注明系统编号，注明送回风口的空气流动方向。

（5）注明风道的断面尺寸，水管道的直径。

（6）注明各设备、部件的名称、规格、型号等。

（7）其他一些需要注明的内容。

空调机房平面图一般包括的内容如下。

（1）标明按标准图或产品样本要求所采用的空调器组合段代号，喷雾级别，喷嘴直径，加热器，表冷器的类别、型号、台数及其定位尺寸。

（2）新风管道、回风管道的定位尺寸。

（3）给排水管道、冷热管道及其定位尺寸。

（4）消声设备、柔性短管的位置尺寸。

（5）各管段的管径、管长尺寸。

2. 剖面图

剖面图一般由空调系统剖面图和空调机房剖面图组成，一般包括以下内容。

（1）对应于平面图的风道、设备、零部件的位置尺寸和有关工艺设备的位置尺寸。

（2）风道直径，风管标高，送排风口的形式、尺寸、标高和空气流向，设备中心标高，风管穿出屋面的标高，风帽标高。

空调机房剖面图一般包括以下内容。

（1）对应于平面图的通风机、过滤器、加热器、表冷器、喷水室、消声器、回风口及各种阀门部件的位置尺寸。

（2）设备中心标高、基础表面标高。

（3）风管、给排水管、冷热管道的标高。

3.3.2 空调工程施工图识图

识图的方法与步骤如下。

（1）认真阅读图纸目录。根据图纸目录了解该工程图纸的张数、图纸名称、编号等概况。

（2）认真阅读领会设计施工说明。从设计施工说明中了解系统的形式、系统的划分及设备布置等工程概况。

（3）仔细阅读有代表性的图纸，在了解工程概况的基础上，根据图纸目录找出反映通风空调系统布置、空调机房布置、冷冰机房布置的平面图，从总平面图开始阅读，然后阅读其他平面图。

（4）辅助性图纸的阅读。平面图不能清楚全面地反映整个系统的情况，因此，应根据平面图上提示的辅助图纸（如剖面图、详图）进行阅读。对整个系统情况，可配合系统图阅读。

（5）其他内容的阅读。在读懂整个系统的前提下，再回头阅读施工说明及设备材料明细表，了解系统的设备安装情况、零部件加工安装样图，从而把握图纸的全部内容。

3.4 空调工程施工图的阅读

空调主要是通过空调设备调节室内空气的温度和湿度。图 3-14 所示为一层房间空调系统平面布置图。

从平面图上可以看出，此层平面中有大小 6 个房间需要空调，采用集中式系统，安装有 7 套风机盘管，空调用冷热水由管道井通到房间吊顶内，水系统连通到风机盘管。送风系统由条形侧送风口、条形下送风口以及方形送风口组成，有三台室外机，将空气压缩雾化后通过管道送入室内，再由室内机冷却处理送进各个送风口。

具体的空调工程图纸，后续章节有多套详细的施工图，初学者可以参照以上所讲的内容阅读。

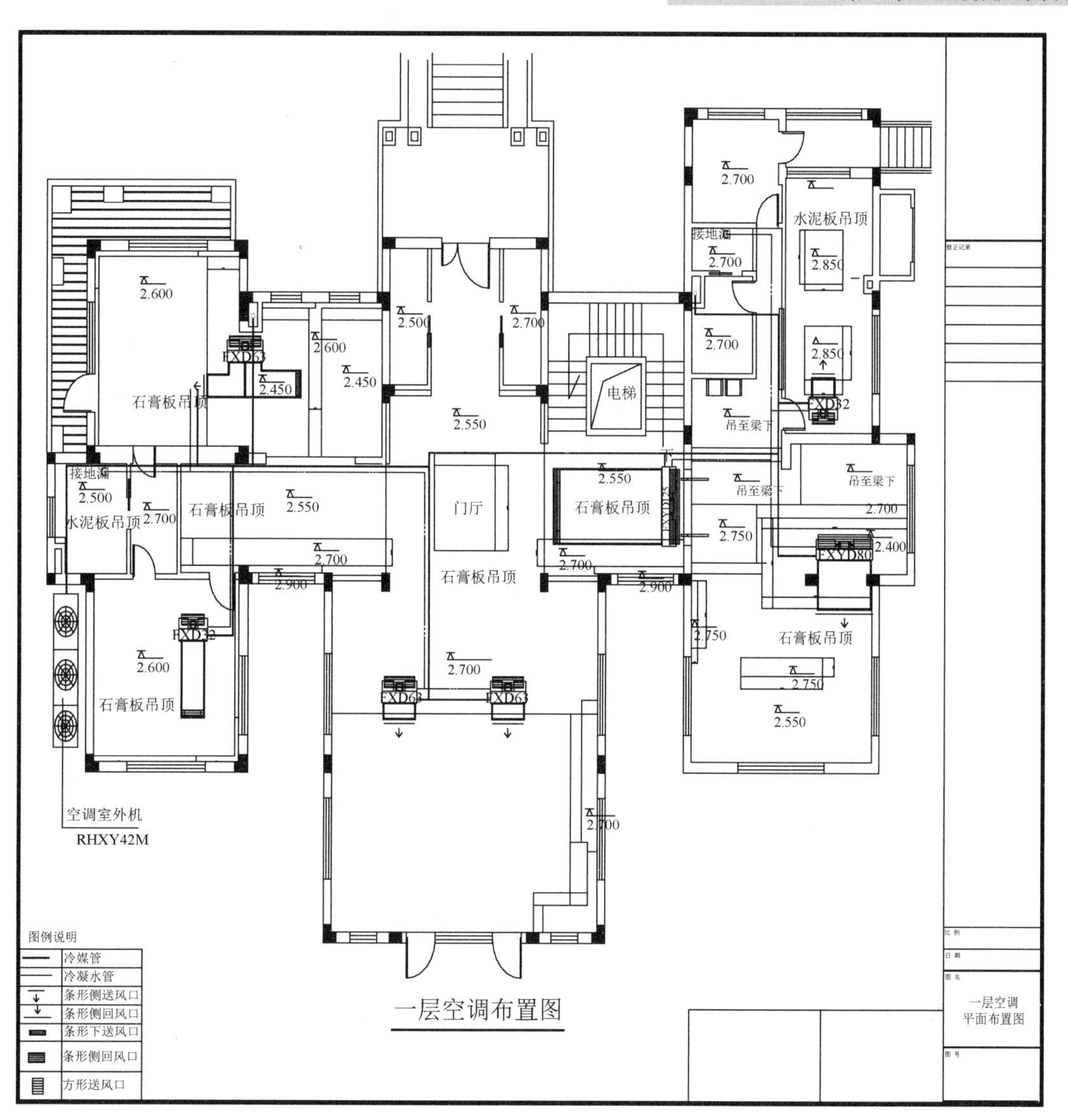

图 3-14　空调系统平面布置图

第4章　工程管道设计

建筑设备图中的采暖通风工程图属于管道工程图。其内容包括平面图、立面图、剖视图和详图等。在实际工程中，管道的布设既多又长，图上的线条纵横交错，未经专业学习难以读懂。为此，本章将根据各种管道的共同图示特点，介绍管道施工图中常见的一些基本表达方法。

4.1　管道与阀门设计

管道与阀门设计包括单、双线图设计以及管道的积聚、重叠和交叉设计。

4.1.1　管道、阀门的单、双线图设计

本小节介绍管道、阀门的单、双线图设计。

1. 管道的单、双线图

图 4-1（a）是一圆管的两面投影图。若省略表示管子壁厚的虚线，就变成图 4-1（b）所示的图形，这种用两根线表示管道外形的投影图称为管道的双线图。

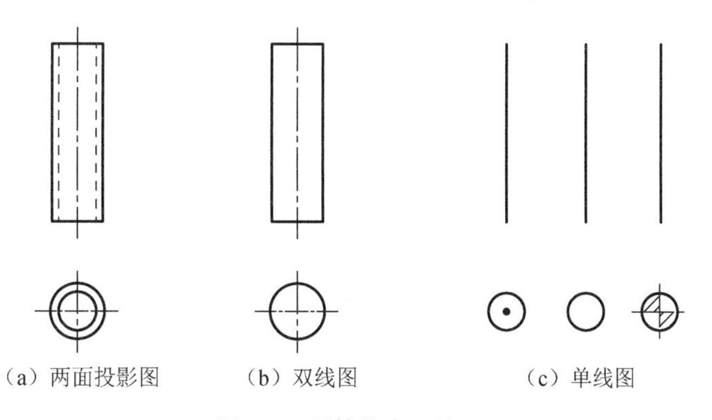

（a）两面投影图　（b）双线图　（c）单线图

图 4-1　圆管的表示法

在施工图中，通常把管道的壁厚和空心的管腔全部简化成一条线的投影。这种在图形中用单根线表示管道和管件的图样称为单线图。单线图有三种表示方法。

（1）用一根直线表示直立圆管的正面投影，其水平投影用一个小圆点外面加画一个小圆表示[见图 4-1（c）]。

（2）用一根直线表示直立圆管的正面投影，其水平投影中小圆的圆心不加点[见图 4-1（c）]。

（3）用一根直线表示直立圆管的正面投影，其水平投影中的小圆被十字线一分为四，其中有两个对角处画上细斜线[见图 4-1（c）]。这种表示方法，主要用于国外的图纸。

以上三种表示方法，其意义相同，但在单项工程中应统一使用一种形式。

2. 管道配件的单、双线图

1）弯头的单、双线图

（1）弯头的双线图。

图 4-2（a）是一个 90° 弯头的三面投影图。若在图中省略表示弯头壁厚的虚线，就变成了图 4-2（b）所示的图形，此图即为用双线图表示的弯头。还有一种是两种画法都可以的，也就是侧面投影的虚线画与不画都行[见图 4-2（c）]。

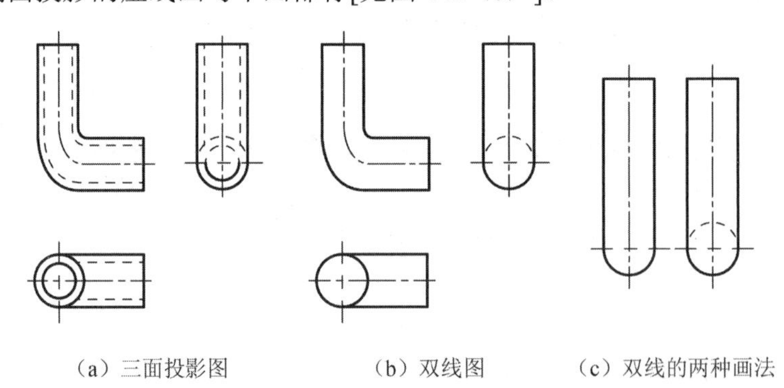

（a）三面投影图　（b）双线图　（c）双线的两种画法

图 4-2　弯头的表示法

（2）弯头的单线图。

图 4-3（a）为图 4-2（a）所示 90° 弯头的单线图。在水平投影上，立管按管道的单线图画法表示，横管画到小圆边上。侧面投影图上，横管画成小圆，立管画到小圆的圆心处。在单线图中，表示横管的小圆，也可稍微断开来画，如图 4-3（b）所示，这两种画法都可以。

图 4-4（a）、（b）分别为 45° 弯头的单、双线图。其画法与 90° 弯头画法相似，只是在管道变向处画成半圆，其他不变。有的在半圆上加上一根细实线，这两种画法都可以[见图 4-4（c）]。

2）三通的单、双线图

图 4-5 是同径正三通的三面投影图及双线图。图 4-6 是异径正三通的三面投影图和双线图。

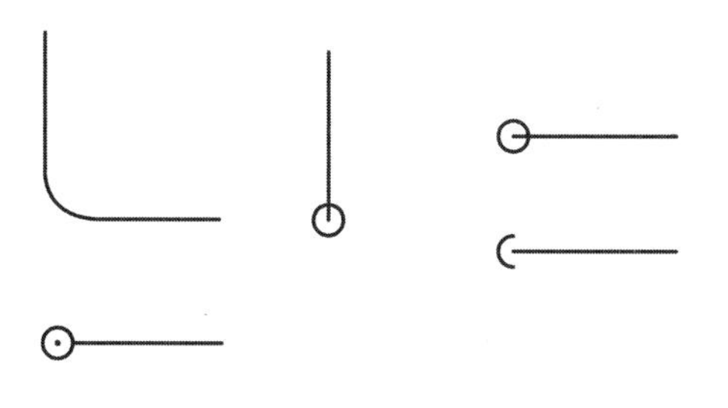

（a）单线图　　（b）单线的两种画法

图 4-3　用单线图表示 90° 弯头

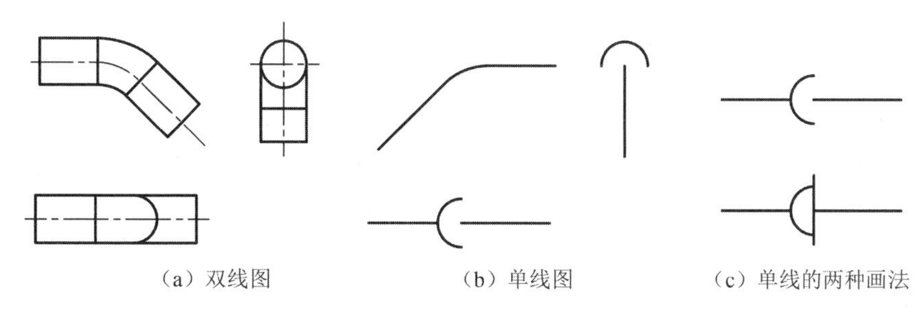

（a）双线图　　（b）单线图　　（c）单线的两种画法

图 4-4　45° 弯头的单、双线图

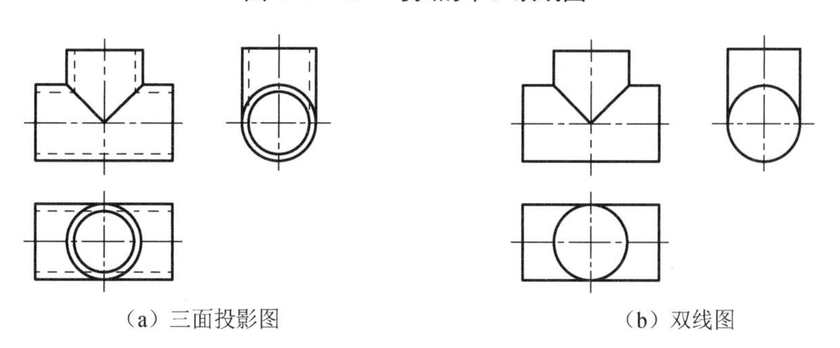

（a）三面投影图　　（b）双线图

图 4-5　同径正三通的表示法

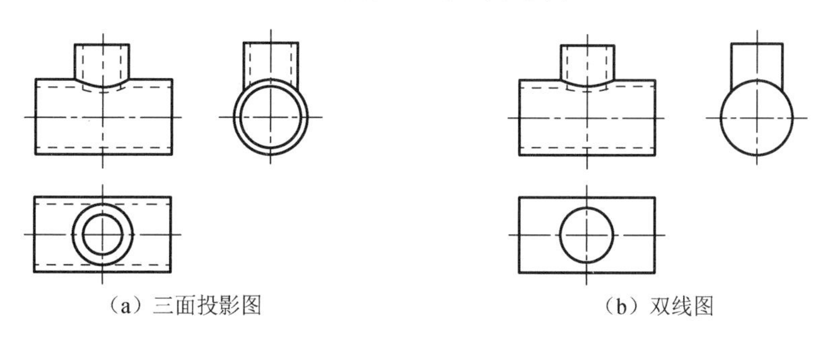

（a）三面投影图　　（b）双线图

图 4-6　异径正三通的表示法

图 4-7 为正三通的单线图。在单线图内，无论同径或异径，其立面图形式相同，右侧立面图的两种画法都可以[见图 4-7（b）]。

3）四通的单、双线图

图 4-8 为同径正四通的双、单线图。在双线图中，立面图的相贯线为平面曲线。在单线图中，同径四通和异径四通的表示形式相同。

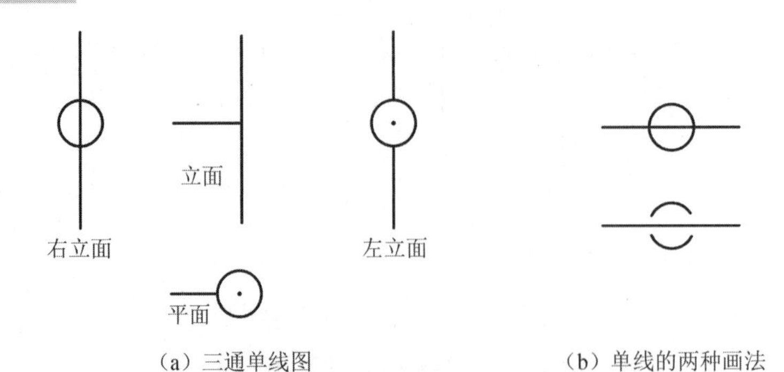

（a）三通单线图　　（b）单线的两种画法

图 4-7　正三通的单线图

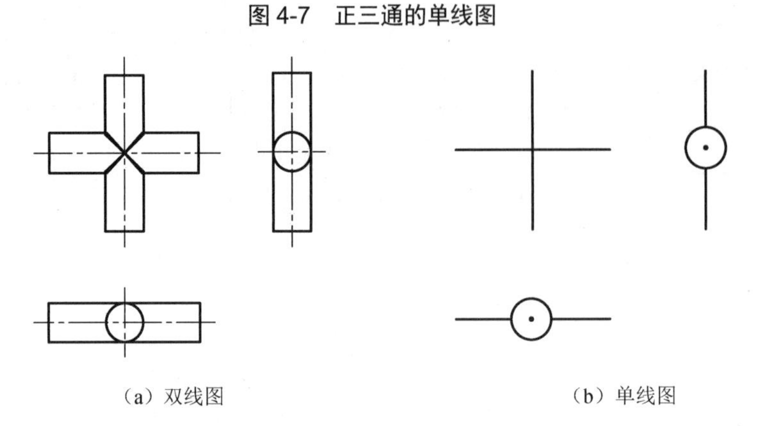

（a）双线图　　（b）单线图

图 4-8　同径正四通双、单线图

4）大小头的单、双线图

图 4-9 为同心大小头的单、双线图。同心大小头在单线图里有两种表示方法。一种画成等腰梯形，另一种画成三角形[见图 4-9（b）]，这两种画法表示的意义相同。图 4-10 为偏心大小头的双、单线图，偏心大小头在单线图里的表示方法为：画成直角梯形。

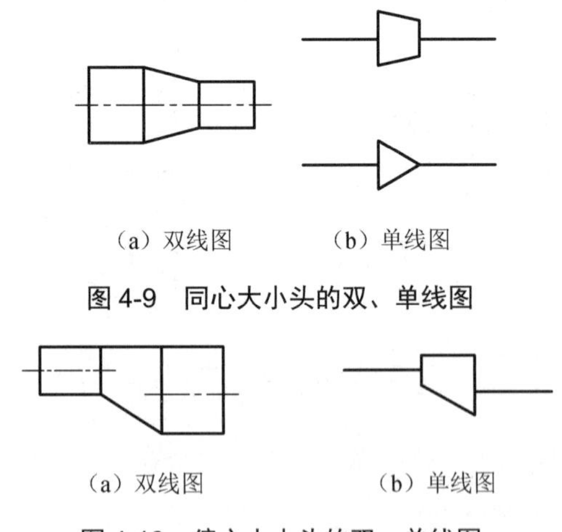

（a）双线图　　（b）单线图

图 4-9　同心大小头的双、单线图

（a）双线图　　（b）单线图

图 4-10　偏心大小头的双、单线图

3. 阀门的单、双线图

在实际工程中所用阀门的种类很多，其图样的表现形式也较多，现仅选一种带阀柄的法兰阀门在施工图中常见的几种表示形式，不同阀门形式的单、双线图如表 4-1 所示。

表 4-1　阀门的单、双线图

名　称	阀柄向前	阀柄向后	阀柄向右
单线图			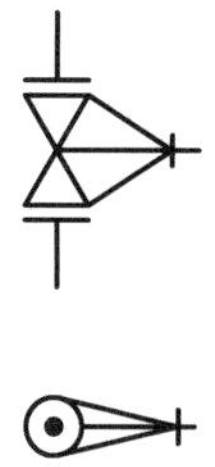
双线图			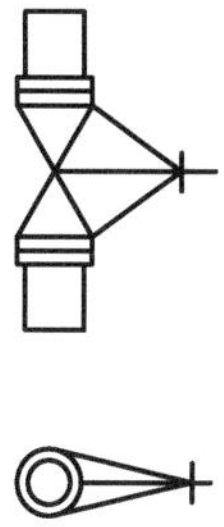

4.1.2　管道的积聚、重叠和交叉设计

1. 管道的积聚性投影

1）直管的积聚性投影

当直管垂直某一投影面时，在该面上的积聚性投影用双线图表示就是一个小圆，用单线图表示则为一个小点，为了便于识别，将用单线图形表示的直管的积聚性投影画成一个圆心带点的小圆。

2）弯管的积聚性投影

弯管由直管和弯头两部分组成。直管积聚后的投影是个小圆，与直管相连接的弯头，在拐弯前的投影也积聚成小圆，并且同直管积聚成小圆的投影重合。如图 4-11 所示，其中（a）、（b）两种表示方法都可以。

3）管道与阀门连接的积聚性投影

直管与阀门连接，直管在水平投影上积聚成小圆并与阀门内径投影重合，如图 4-12 所示。

弯管与阀门连接，弯管在拐弯处的水平投影积聚成小圆，与阀门内径投影重合，如图 4-12（b）所示。

2. 管道重叠

直径相同、长度相等的两根或两根以上的管道，如果叠合在一起，那么其水平投影

完全重合。

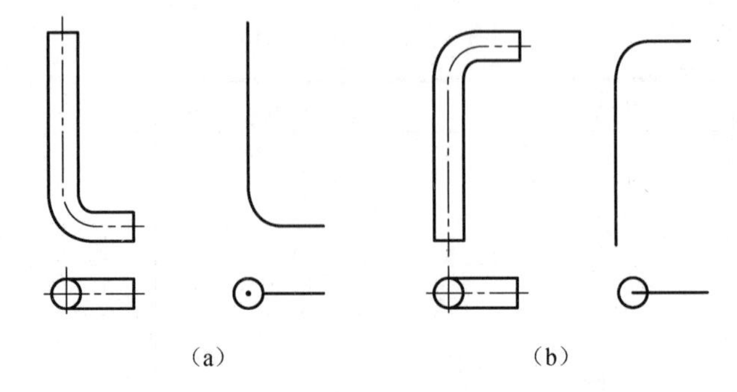

图 4-11 弯管的积聚性投影

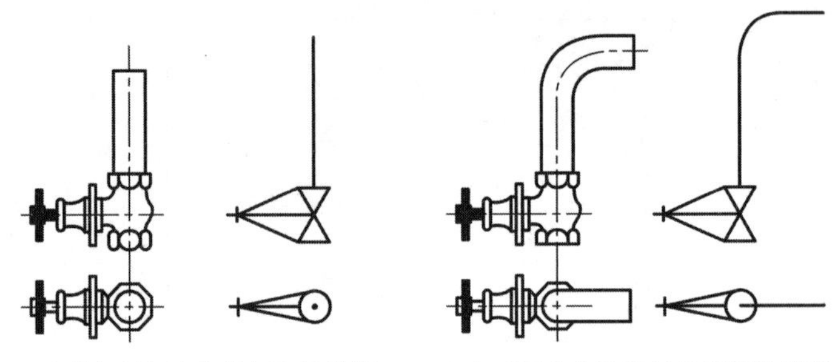

图 4-12 管道与阀门连接的积聚性投影

3. 管道交叉

当管道交叉时，能全部可见的管道应画实线，不可见的部分管道画虚线，或在单线图中用断开表示[见图 4-13（a）、（b）]。若单、双线图同时存在图中，双线管道在单线管道前，被遮住的部分单线管道要用虚线表示[见图 4-13（c）]；如果单线管道在双线管道前，则图中不存在虚线[见图 4-13（d）]。

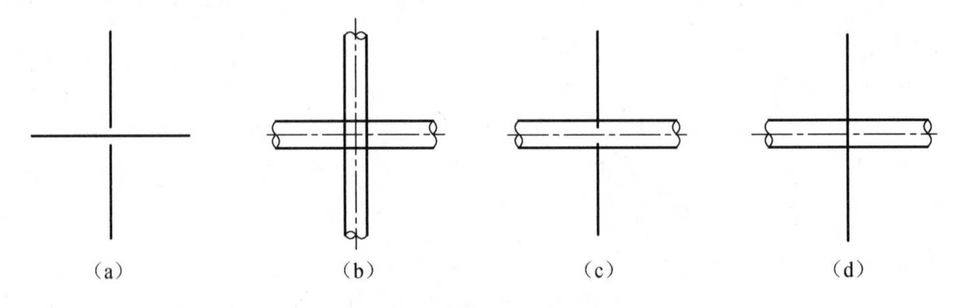

图 4-13 管道交叉的单、双线表示法

4.2 剖视图与断面图

管道设计中需要重点注意的就是对剖视图和断面图的识读。

4.2.1 剖视图的规则与表达方式

1. 剖视图的基本概念

工程制图的目的是把工程建筑物的外形尺寸和内部构造都准确地表达出来，并且要求图线清晰，容易看懂，便于施工。对于构造简单的建筑物，用三面投影图就能表达清楚；但对于较复杂的建筑物，如一幢房屋，内部有各种房间、走廊、楼梯、门窗、基础等，如果只用三面投影图表达，则投影图上的虚线较多，虚、实线纵横交错，图面不清晰，给识图造成困难。解决这一问题的最好办法是：设想用一平行投影面的剖切平面（个别也有用垂直面）切开形体，移去观察者与剖切平面之间的部分，对剩余部分再作投影，并将剖切平面与形体接触到的部分画粗实线，并画材料符号，这种剖切后对形体作出的投影图称为剖视图。

图 4-14 所示为剖视图的形成。设想用一平行于 *V* 面的剖切平面 *P*，把图 4-14（a）中所示的杯形基础通过其对称面剖成前后两半[见图 4-14（b）]，移去平面 *P* 前面的部分，画出剩余部分的投影图，就得到了杯形基础的剖视图，如图 4-14（c）所示。由于作了剖视，基础内部原来不可见的部分成为可见，以致用什么材料制作的都一清二楚，给人一种清晰的感觉，所以，工程上常采用剖视图这种表达方法。

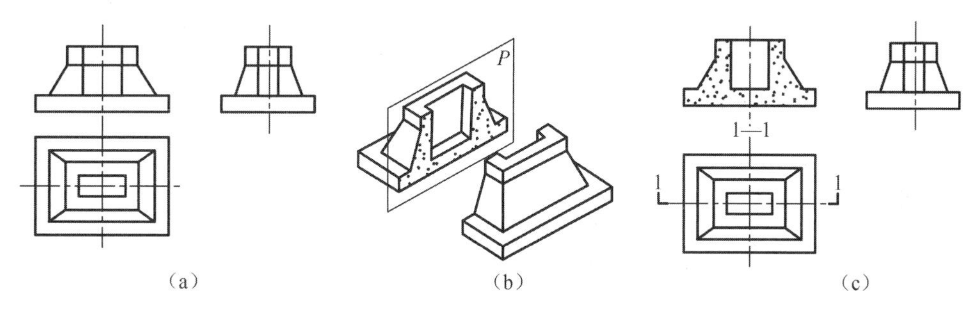

图 4-14 剖视图的形成

2. 剖视图的规则

剖视图的规则如下。

- 由于剖切形体是设想的，所以在画剖视图时，不影响形体本身的完整性。
- 应用投影面平行面为剖切平面（个别也有用垂直面的）。
- 用剖视图和其他投影图表示形体时，图上的虚线一般可省略不画，但在必须画出虚线才能表示清楚形体时，须画出虚线。

3. 剖视图的标注

（1）用剖切线表示剖切平面的剖切位置，剖切线实质上就是剖切平面的积聚性投影。《建筑制图标准》（GB/T 50104—2010）中规定剖切线用不穿越图形的粗实线表示，其长度宜为 6～10mm（见图 4-15）。

（2）剖切后的剖视方向用垂直于剖切线的粗实线表示，长度宜为 4～6mm，粗实线的指向即为投影方向（见图 4-15）。

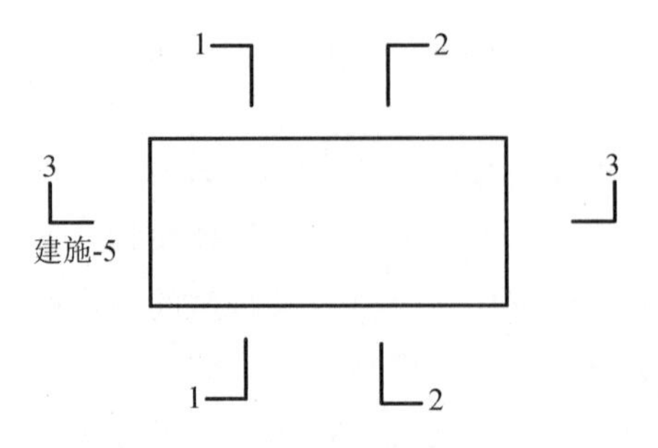

图 4-15　剖视图的剖切符号

（3）剖切符号的编号，宜采用阿拉伯数字（或大写拉丁字母），按顺序由左至右、由下至上连续编排，并注写在剖视方向线的端部。

（4）剖视图的名称要用与剖切符号相同的编号命名，并注写在剖视图的下方或上方。

（5）在剖视图中，剖切平面与形体接触到的那一部分图形，要画出材料图例。常用材料图例查阅房屋建筑制图统一标准。

4. 剖视图的表达方法

（1）全剖视图。

用剖切面完全地剖开形体所得到的剖视图称为全剖视图。图 4-16 中水槽的 1—1 剖视图就是一个全剖视图。全剖视图适用于外形简单、内部复杂、图形呈不对称结构的形体。

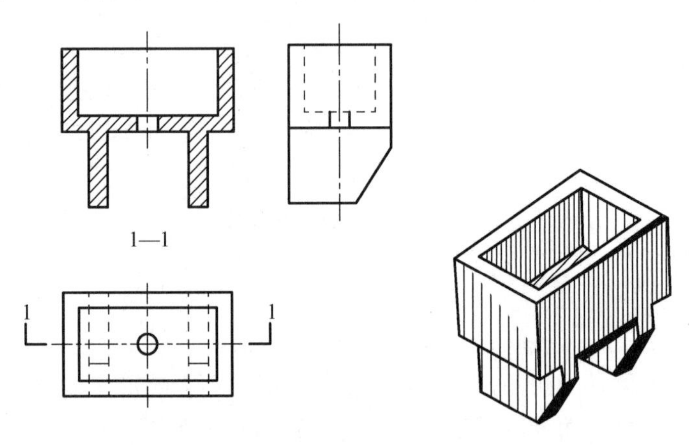

图 4-16　全剖视图

（2）半剖视图。

当形体具有对称面，而且形体的内、外部结构比较复杂时，可以以图形的对称线为分界，一半画投影图，一半画剖视图，这种图称为半剖视图。半剖视图也可理解为形体被切四分之一后按剖视图画法作出的投影图，如图 4-17（a）所示。

图 4-17（b）为一混凝土基础的三面投影图，从水平投影可以看出，该基础前后、左右对称，可采用半剖视图表示，使得其内外形状均可得到完整的表达。

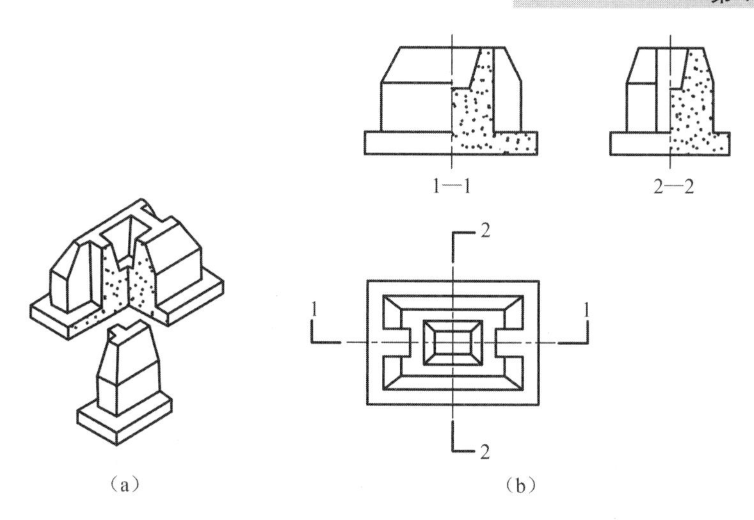

图 4-17　半剖视图

画半剖视图应注意以下几点。

- 剖视图与投影图的分界线应是图形的对称线。
- 在平面上画半剖视图，要“左外、右内”，即对称线的左边画外形投影图，右边画形体的内部结构。然后画半剖视图，要“后外、前内（也可左外、右内）”，即以水平对称线为分界，后边画外形投影图，前边画内部结构。
- 由于半剖视图的图形对称，所以在半个剖视图中已表达清楚的内部形状在另外半个投影图中就不必再画虚线。
- 半剖视图的标注方法同全剖视图。

（3）阶梯剖视图。

当采用一个剖切平面切开形体，不能完整地表示出它的内部构造时，可设想用两个或三个（最多三个）平行投影面的剖切平面，把形体作阶梯状切开后，移去观察者和剖切平面之间的那一部分，再作投影，这样得到的剖视图称为阶梯剖视图。如图 4-18 所示的水箱，两孔的轴线不在一个平面内，为了表示水箱和两个孔内部结构的真实形状，采用了阶梯剖视图。

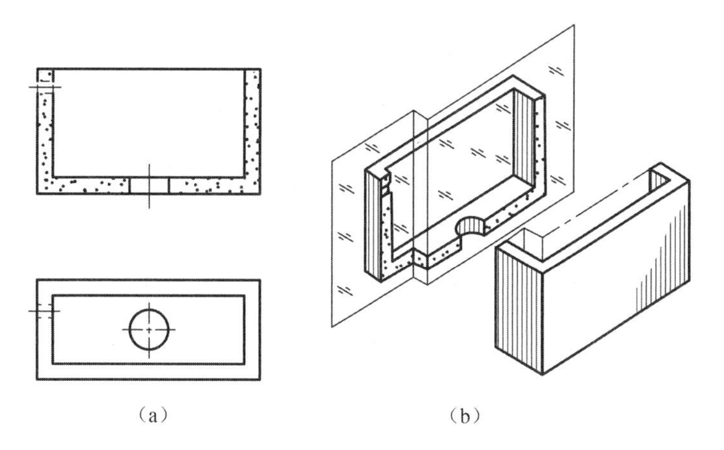

图 4-18　阶梯剖视图

画阶梯剖视图应注意以下两点。

◆ 在剖切平面的起讫和转折处应进行标注。

◆ 由于剖切形体是假想的，所以在剖视图上，剖切平面的转折处不应画线。

（4）局部剖视图。

当只需表示形体局部的内部结构时，可以切开形体的一部分，画出其剖视图，其余部分仍画外形投影图，这种剖视图称为局部剖视图。

图 4-19 是混凝土水管的两面投影图。其中正面投影采用了局部剖视图，在被切开部分画出了管子的内部结构，其余部分仍画投影图。由于在剖开部位已经把管子的内径标示清楚了，所以投影图上的虚线可省略不画。

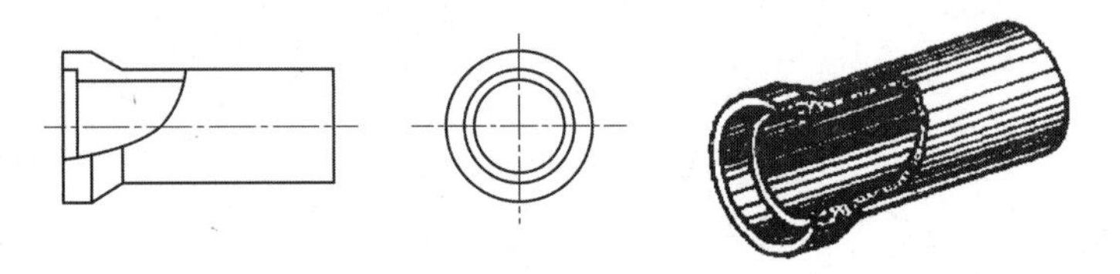

图 4-19　局部剖视图

在局部剖视图上，用波浪线表示被剖切的范围。波浪线的两端不能超出投影图的轮廓线，也不能和其他图线重合。局部剖视图的图名仍用原来投影图的名称，而且不标注剖切符号。

（5）旋转剖视图。

假想用两个或两个以上相交平面切开形体，将倾斜的剖切平面切到的部分，以两相交平面的交线为轴，旋转到另外半个剖视图形的平面上，一般平行于基本投影面，然后一起向平行的投影面上作投影，所得到的投影图称为旋转剖视图。如图 4-20 所示的集水井，两个进水管的轴线是斜交的。为了表示集水井和两个进水管内部结构的真实形状，用两个相交的剖切平面，沿着两个水管的轴线把集水井切开，将与正面倾斜的水管旋转到与正面平行后，再进行投影。

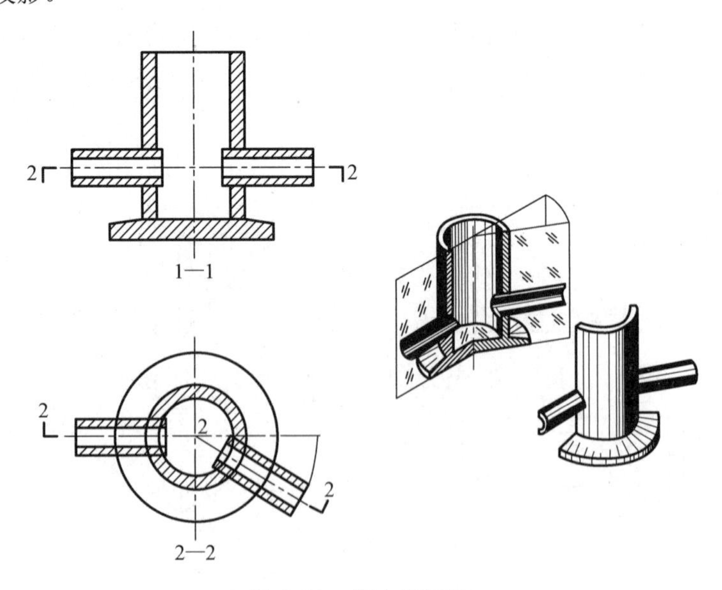

图 4-20　旋转剖视图

旋转剖视图的标注与阶梯剖视图的标注相似，在两平面相交处要画相交符号，如图 4-20 所示。

4.2.2　断面图的规则与表达方式

1. 断面图的基本概念

设想用一剖切平面垂直剖切，切开形体，只画出剖切平面与形体接触的那一部分图形，即为断面图。

图 4-21 为断面图的画法。它与剖视图的主要区别是，剖视图是剖开形体后再作投影，而断面图则仅仅画出形体被剖切后与剖切平面接触的那一部分图形，不作投影。

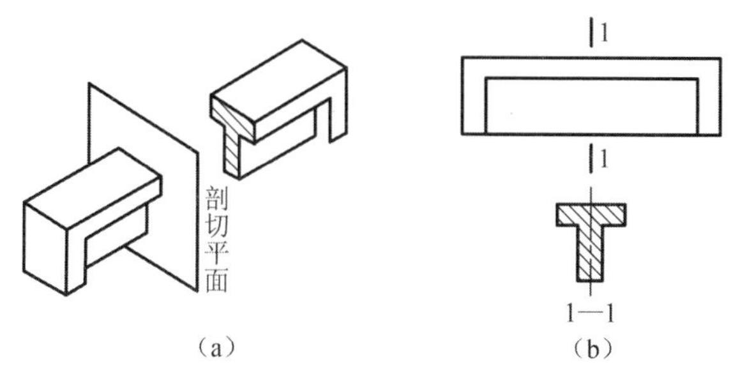

图 4-21　断面图

2. 断面图的规则

（1）断面图的剖切符号，只用剖切线表示，并以粗实线绘制，长度宜为 4～6mm（见图 4-22）。

（2）断面剖切符号的编号，宜采用阿拉伯数字（或大写拉丁字母），按顺序连续编排，并应注写在剖切线的一侧（见图 4-22）。

（3）剖视图或断面图，如与被剖切图样不在同一张图纸内，可在剖切线的另一侧注明其所在图纸的图纸号。如图 4-22（a）中的 1—1 剖切线右侧注写“结施-8”，即表示 1—1 断面图画在“结施”第 8 号图纸上。

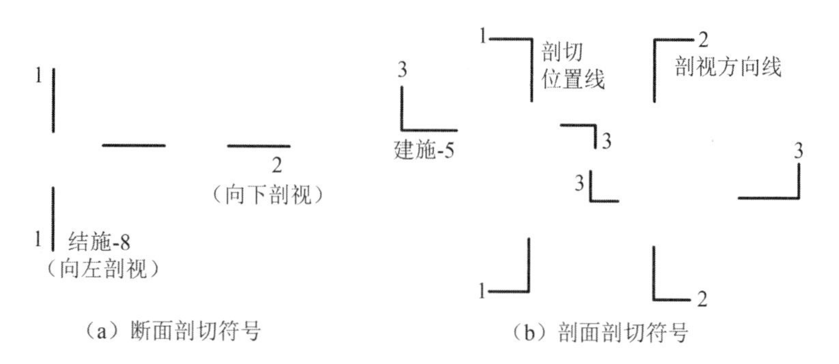

图 4-22　断面图的规则

3. 断面图的表达方法

（1）移出断面图。

画在投影图轮廓线外面的断面图称为移出断面图，如图 4-23 所示给水栓的 1—1 断面图就是用移出断面表示的。移出断面图的外形轮廓用粗实线绘制。

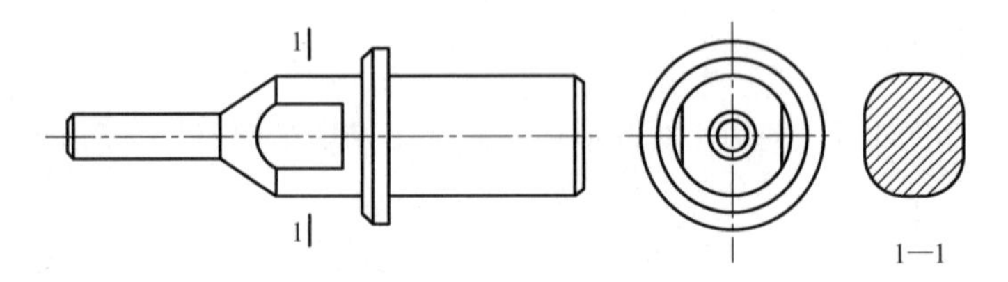

图 4-23 移出断面图

（2）重合断面图。

画在投影图轮廓线以内的断面图称为重合断面图。当形体的轮廓线为粗实线时，重合断面的轮廓线用细实线表示；反之，可用粗实线画出。重合断面如图 4-24 所示。

对于较长的形体且所有的断面图都相同时，可以把断面图画在投影图中间断开处，如图 4-25 所示。这时不必标注剖切位置符号及编号。

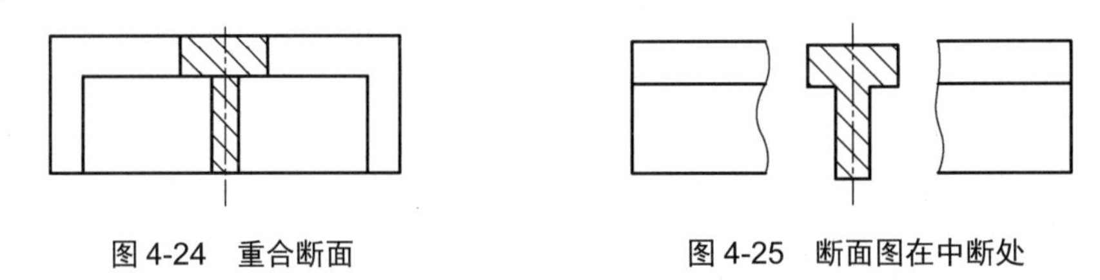

图 4-24 重合断面　　图 4-25 断面图在中断处

4.3 管道的轴测图

在管道施工图中，管道系统的轴测图多采用正等测图和斜等测图，其中又以斜等测图更为常用，由于二者在画法上是相同的，故仅以斜等测图为例进行介绍。

斜等测图的轴有三个轴测轴和六个方向。三个轴测轴，一个在铅直指向，一个在水平指向，一个在垂直纸面指向（即轴测图中的斜向）。对应的六个方向分别为上下走向、左右走向、前后走向。

由于三个轴的轴向伸缩率都是 1，所以可以沿轴向及轴向平行线方向直接量取每段管线在投影图（平、立面图）上的实长。

识读轴测图时要依据平、立面图分析管线的组成、空间排列、走向及转折方向，确定管线在轴测图中同各轴之间的关系。

4.3.1 单根管线的轴测图

识读单根管线的轴测图时，应首先分析图纸，弄清这根管线在空间的实际走向和具体位置，究竟是左右走向的水平位置，还是前后走向的水平位置，或是上下走向的垂直位置。在确定这根管线的实际走向和具体位置后，就可以确定它在轴测图中同各轴之间的关系。

在图 4-26 中，通过对平、立面图的分析可知，这是三根与轴重合的管线。其中，图 4-26（a）是前后走向，图 4-26（b）是上下走向，图 4-26（c）是左右走向。由于三个轴的轴向伸缩率都是 1，故可在轴测轴上直接量取管道在平面图上的实长。

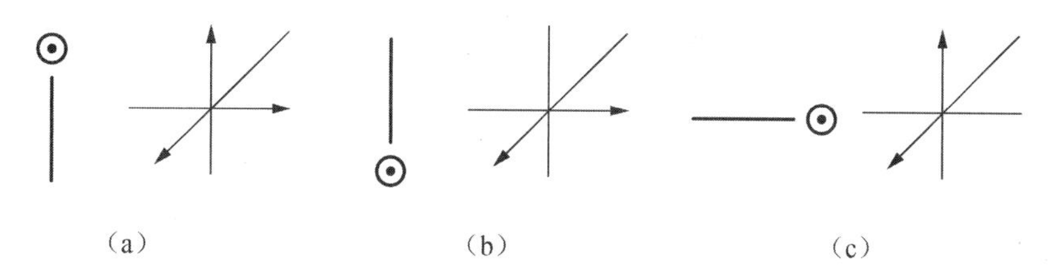

图 4-26　单根管线的轴测图

4.3.2　多根管线的轴测图

在图 4-27 中，表示了多根管线的立面图、平面图和轴测图。其中，图 4-27（a）中上图为立面图，下图为平面图。由平、立面图可知，1、2、3 号管线是左右走向的水平管线，4、5 号管线是前后走向的水平管线，而且这五根管线的标高相同，它们的轴测图如图 4-27（b）所示。

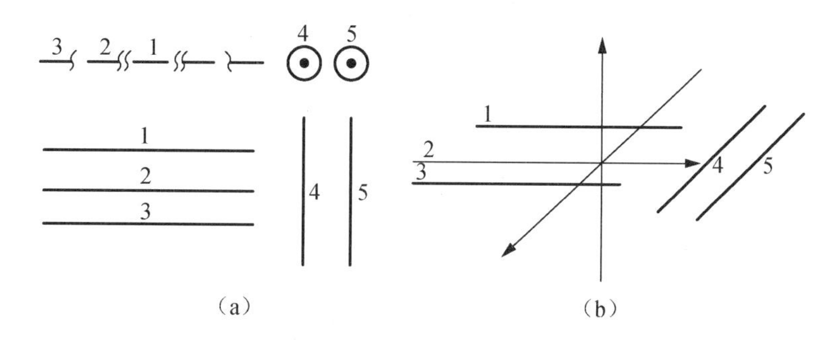

图 4-27　多根管线的轴测图

4.3.3　交叉管线的轴测图

在图 4-28（a）中，通过对平、立面图的分析可知，它是两根垂直交叉的水平管线。其中一根管线前后走向，另一根管线左右走向。在图 4-28（b）中，轴测图省略了坐标轴。通过对平、立面图的分析可知，它是四根垂直交叉的水平管线。其中两根管线前后走向，另两根管线左右走向。在轴测图中，高的或前面的管线应显示完整，低的或后面的管线应用断开的形式表达，使图形富于立体感。

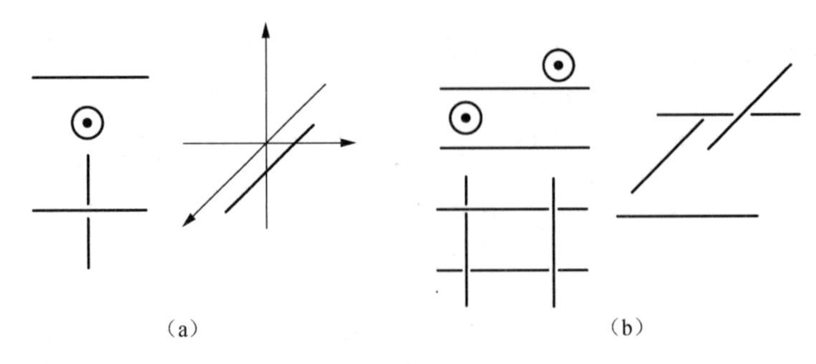

图 4-28　交叉管线的轴测图

4.3.4　弯管的轴测图

在图 4-29 所示的（a）、（b）、（c）各图中，左图的上部分为立面图，下部分为平面图，右图为弯管的轴测图。通过对平、立面图的分析可知，图中弯管是由两段管线组成的。在图 4-29（a）中，管线画法是由左往右，再由前往后。在图 4-29（b）中，管线画法是由上往下，再由左往右。在图 4-29（c）中，管线画法是由左往右，再由上往下。

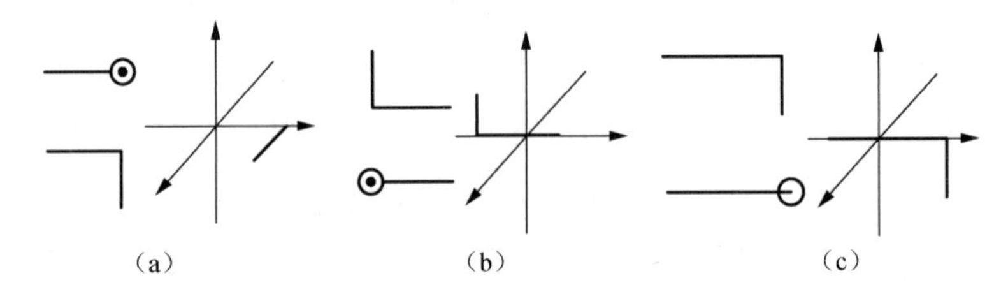

图 4-29　弯管的轴测图

4.3.5　摇头弯的轴测图

在图 4-30 中，左图的上部分为立面图，下部分为平面图，右图为摇头弯的轴测图。通过对平、立面图的分析可知，图中摇头弯是由三段管线组成的。管线画法是先由左往右，再由上往下，最后由后向前。

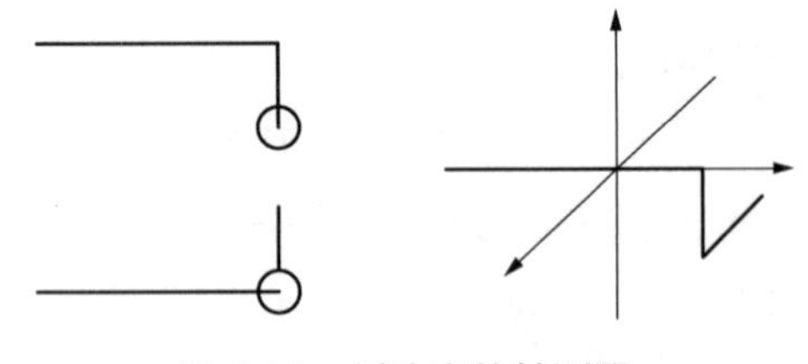

图 4-30　摇头弯的轴测图

4.3.6　带阀门管道的轴测图

在图 4-31 中，左图的上部分为立面图，下部分为平面图，右图为带阀门管道的轴测图。

通过对平、立面图的分析可知，图中带阀门管道是由六段管线组成的。1 管由下往上，2 管由前向后，3 管由左往右，4 管由上往下，5 管由后向前，并带有阀门，6 管从右往左。图中的法兰阀门应画在相应的投影位置上，因为横管 3 在立管 1 的前面，又高于立管 1，所以立管 1 断开。

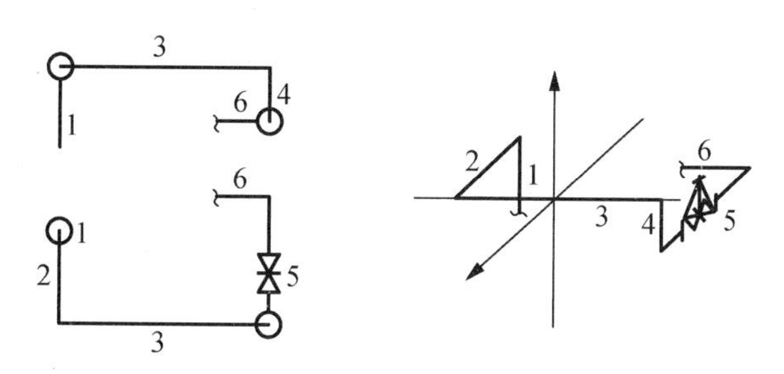

图 4-31　带阀门管道的轴测图

4.3.7　热交换器配管的轴测图

对于管道与设备连接的轴测图，无论是正等测或是斜等测，一般情况下，设备只用示意性的外形轮廓表示。如果管线较多，可不画设备，仅画出设备的管接口即可。具体画每段管线时，应以设备的管接口为起点，把每一小段管线逐段依次朝外画出，然后连接成整体。如图 4-32 和图 4-33 所示，通过热交换器配管平、立面图的分析，就能明白轴测图了。

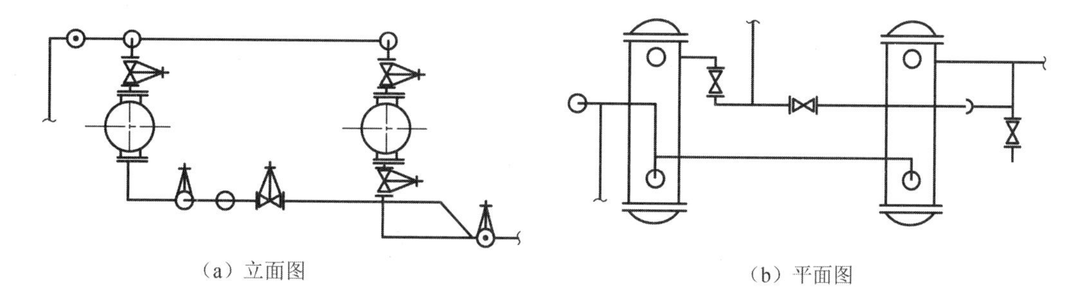

（a）立面图　　（b）平面图

图 4-32　热交换器配管立面图、平面图

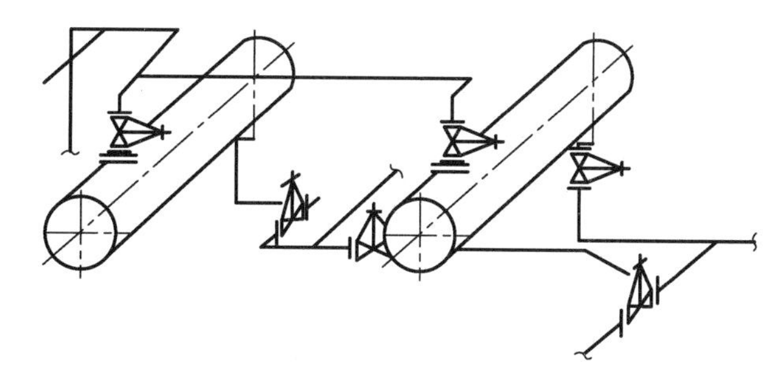

图 4-33　热交换器配管轴测图

4.3.8 偏置管的轴测图

以上所讲内容仅限于正方位（前、后、左、右、上、下）走向的管线，对于非正方位走向的偏置管，如管子转弯不是 90°、斜三通等情况就不能用原来的方法表示。对偏置管来说，不论是垂直的还是水平的，对于非 45° 角的偏置管都要标出两个偏移尺寸，而角度一般可省略不标。

在图 4-34（a）中，管线右侧所标的偏移尺寸为 200mm，而具体角度则没有标出；对于 45° 的偏置管，只要标出角度（45°）和一个偏移尺寸（350mm）即可。值得提出的是，这里所说的偏移尺寸均指沿正方位量取的尺寸，亦即轴向方向的尺寸。因此，只要在轴测轴的方向上量取相应的偏移尺寸，就是偏置管的偏移尺寸了。偏置管的另一种表示方法是在管子转弯或分支的地方做出管线正方位走向的平行线，并打上 45° 细斜线，再用数字注明转弯或分支的角度，突出表明这根管线的走向不是正方位的走向，如图 4-34（b）所示。

对于竖向的偏置管，由于它与三个坐标轴都不平行，应通过添加辅助线的方法找出它与坐标轴的关系，画出三个坐标轴组成的六面体后，再根据管线的实际走向确定首尾两端点的坐标，连接坐标点即为立体偏置管，如图 4-34（c）所示。

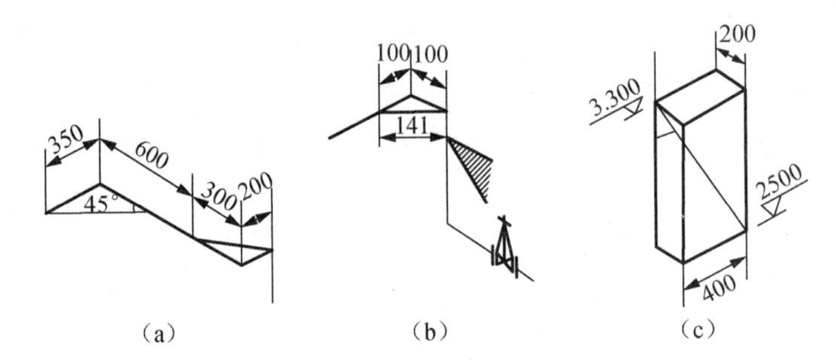

图 4-34 偏置管的轴测图

第 5 章　采暖工程图设计

本章介绍采暖工程图设计，其中包括建筑采暖系统的概念和分类、采暖系统施工图、热水采暖系统的管路布置与敷设、蒸汽采暖系统、热风供暖系统及散热器与采暖管道等内容。

5.1　建筑采暖系统的概念和分类

所谓采暖就是在寒冷季节，为维持人们的日常生活、工作和生产活动所需要的环境温度，用一定的方式向室内补充由于室内外温差引起的室内热损失量。

5.1.1　采暖期的概念

从开始采暖到结束采暖的期间称为采暖期。我国规范规定的采暖期是以历年日平均温度低于或等于采暖室外临界温度（5℃与 8℃两个标准）的总日数。一般民用建筑和生产厂房、辅助建筑物采用 5℃；中高级民用建筑物采用 8℃。各地区的采暖期天数及起止日期可从室外气象参数查到。我国幅员辽阔，各地采暖期时间长短不一。例如，处于东北的哈尔滨日平均温度不高于+5℃的天数为 179 天，采暖期从 10 月 18 日起至 4 月 14 日止；不高于 8℃的天数为 198 天，采暖期为 10 月 6 日至 4 月 21 日。北京不高于+5℃的天数为 120 天，采暖期从 11 月 9 日至 3 月 17 日；不高于 8℃的天数为 149 天，采暖期从 11 月 1 日至 3 月 29 日。而南京不高于 5℃和 8℃的天数分别为 83 天和 115 天，采暖期分别为 12 月 8 日至 2 月 28 日和 11 月 22 日至 3 月 16 日。当然，以上的采暖期为设计计算用，而非指各地的实际采暖期。实际采暖期可根据实际情况，一般由各地方有关行政部门确定。

5.1.2　采暖系统的分类及其使用特点

1. 按采暖的范围分类

（1）局部采暖系统：是指采暖系统的三个主要组成部分——热源、管道和散热器（设备）在构造上连成一个整体的采暖系统。

（2）集中采暖系统：是指采用锅炉或水加热器对水集中加热，通过管道向一幢或数幢房屋供热的采暖系统。

（3）区域采暖系统：是指以集中供热的热网作为热源，向城镇某个生活区、商业区或厂区供热的采暖系统，其规模比集中采暖系统更大。

（4）单户采暖系统：是指仅为单户住宅设置的一种独立采暖系统，如太阳能热水采暖系统、燃气热水炉采暖系统等。

2. 按热媒的不同分类

1）热水采暖系统

热水采暖系统的热媒是热水，是依靠热水在散热器中所放出的显热（热水温度下降所放出的热量）来采暖的。根据供水温度的不同，可分为低温水采暖系统和高温水采暖系统。在我国，习惯将温度低于100℃的水称为低温水，高于100℃的水称为高温水。低温水采暖系统设计的供、回水温度大多采用 95℃/70℃（也有的采用 85℃/60℃），大多用于室内采暖；高温水采暖系统设计的供、回水温度大多采用 120～130℃/70～80℃，一般用于生产厂房的采暖。

各个国家对于高温水与低温水的界限都有自己的规定，表 5-1 列出了某些国家热水分类的标准。

表 5-1　某些国家热水分类的标准

国别	低温水	中温水	高温水	国别	低温水	中温水	高温水
美国	＜120℃	120～176℃	＞176℃	日本	≤110℃	无	＞115℃
德国	＜110℃	110～150℃	＞150℃	中国	≤100℃	无	＞100℃

低温水采暖系统具有散热器表面温度较低，卫生条件好，使用安全的特点；而高温水采暖系统则具有散热器散热效果好，供热能力强的特点。

根据热水在系统中循环的动力不同，热水采暖系统又可分为自然循环热水采暖系统、机械循环热水采暖系统和蒸汽喷射热水采暖系统。

图 5-1 为自然循环热水采暖系统原理图。它是利用水在锅炉内加热后因密度的减小而产生的浮升力和热水在散热器中散热冷却后因密度增加而引起的下沉力使水不断流动形成循环的。

设锅炉出口的供水密度为 ρ_g（kg/m^3），散热器出口的回水密度为 ρ_h（kg/m^3），锅炉中心与散热器之间的高差为 h，则系统内流体循环的作用压力 Δp 为

$$\Delta p = g \cdot h(\rho_h - \rho_g) \tag{5-1}$$

式中：g——重力加速度，为 9.81m/s^2。

由式（5-1）可知，在供、回水温度确定的条件下（即 ρ_g 和 ρ_h 确定），循环压力 Δp 取决于锅炉与散热器的高差。因此，为了提高压差，应把锅炉位置放低。对于第一层有散热器的建筑物来讲，自然循环热水采暖系统中的锅炉必须装于地下室内。自然循环热水采暖系统由于循环压力有限，只能用于作用半径不大的低层小建筑物的采暖。

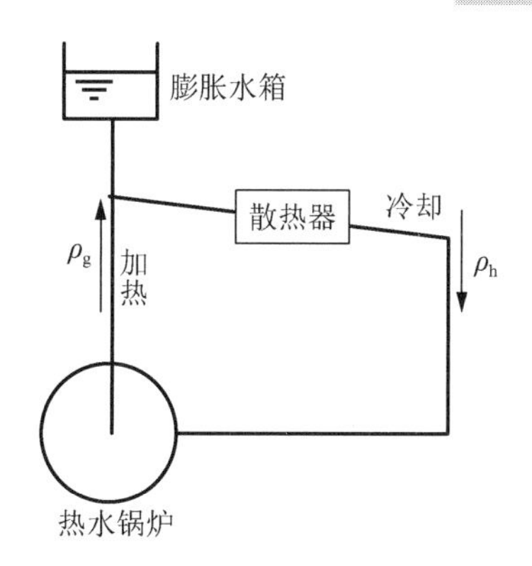

图 5-1　自然循环热水采暖系统工作原理图

图 5-2 为机械循环热水采暖系统工作原理图。它与自然循环热水采暖系统的主要差别是，在系统中设置了循环水泵，依靠水泵所产生的压力使水在整个系统中强制循环流动。由于水泵能产生很大的作用压力，因而供暖范围较大，可以用于单幢建筑物，也可以用于多幢建筑物，甚至为一个区域。机械循环热水采暖系统，由于增设了循环水泵，运行费和维修费增加，使系统的投资增大。

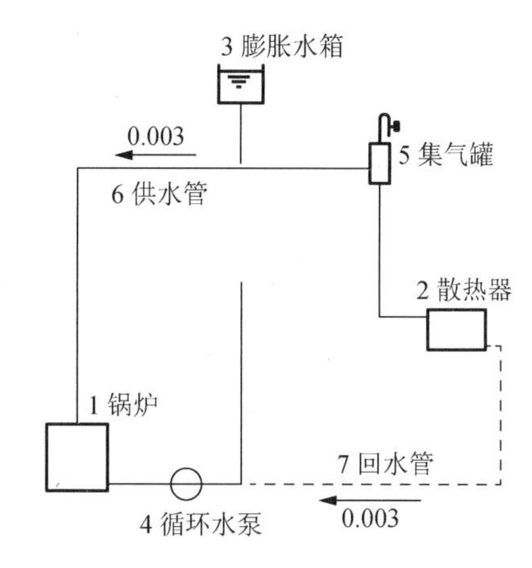

图 5-2　机械循环热水采暖系统工作原理图

图 5-3 为蒸汽喷射热水采暖系统示意图。工作时，当具有一定压力的工作蒸汽流经喷管 1 时，压力降低，流速增高，压能转换为动能。在高速喷出喷管时，在喷管出口附近形成低压（或真空），可将采暖系统中已冷却的回水引入混合室 2 中，与蒸汽混合成为具有一定温度的热水。然后热水进入扩压管 3，在扩压管中流速降低，压力升高，动能转换为压能后被送入采暖系统。热水在散热器中放热后又重新被吸入混合室加热、加压进行循环。这种热水采暖系统由于使用蒸汽作动力，蒸汽作热源，无须设置循环水泵及专门的水加热器，可使系统大大简化。由于受喷管、混合器和扩压管三部分容量的限制，此采暖系统的采暖范围一般为一幢楼。

2）蒸汽采暖系统

蒸汽采暖系统的热媒是蒸汽，主要是依靠水蒸气在采暖系统的散热器中放出的潜热（蒸汽凝结成水所放出的热量）来采暖的。由于每千克蒸汽所能放出的潜热远比每千克水靠温降所放出的显热要大得多（温度为100℃的蒸汽凝结所放出的潜热要比同样质量的热水下降20℃所放出的热量约大26倍）。因此，对同样热负荷，蒸汽采暖时所需要的蒸汽质量流量要比热水采暖所需要的质量流量小得多。此外，蒸汽采暖与热水采暖相比有以下特点。

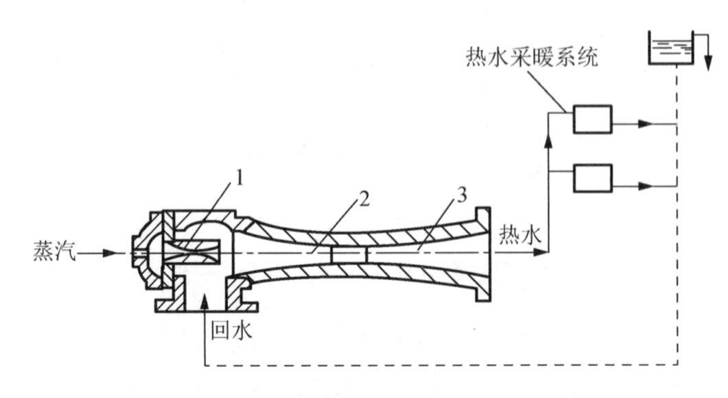

1—喷管；2—混合室；3—扩压管

图 5-3　蒸汽喷射热水采暖系统示意图

（1）蒸汽采暖系统可用于高层建筑。由于蒸汽的容重很小，所产生的静压力较小，用于高层建筑采暖时可不必进行竖向分区，不会因底层散热器承受过高的静压而破裂。

（2）蒸汽采暖系统的初始投资较热水采暖系统少。因为蒸汽的温度较热水高，在散热器中放热的效果要好，所以可减小散热器的面积及投资，并使房间使用面积增大。此外，在承担同样热负荷的条件下，由于蒸汽质量流量小，采用的流速较高，故可采用较小的管径以减少投资。

（3）蒸汽采暖系统的热惰性很小，系统的加热和冷却速度都很快。为此它较适用于要求加热迅速，间歇采暖的影剧院、礼堂、体育馆、学校教室、宿舍等建筑物。

（4）蒸汽采暖的散热器表面温度高（均在 100℃以上），易发生烫伤事故。由于温度高容易引起扬尘，当灰尘等物质坠落在散热器表面时，会分解出带有异味的气体，卫生效果较差。

（5）蒸汽采暖系统的使用年限较热水采暖系统短。由于蒸汽采暖系统多采用间歇运行，所以管道易被空气氧化腐蚀，尤其凝结水管中经常存在大量的空气，凝结水管更易损坏。

（6）蒸汽采暖系统的热损失大。在蒸汽采暖系统中常会因疏水器漏气而产生二次蒸汽，管件损坏而导致跑、冒、滴、漏的现象，造成的热损失增大。

（7）蒸汽采暖系统热媒的运行管理费高。

根据蒸汽的（起始）压力大小，蒸汽采暖系统可分为高压（绝对压力>1.7×105Pa）蒸汽采暖系统、低压（绝对压力≤1.7×105Pa）蒸汽采暖系统和真空（起始绝对压力<大气压力）蒸汽采暖系统。

3）热风采暖系统

热风采暖系统是以热空气作热媒的采暖系统。运行时，首先通过设备将空气加热，使其温度达到35～50℃，然后将高于室温的空气送入室内，放出热量，从而达到采暖的目的。

空气加热可通过空气加热器来实现。它是利用蒸汽或热水通过金属壁的传热而将空气

加热的；空气加热也可通过热风炉来实现，它是利用烟气来加热空气的。

热风采暖系统有以下特点。

（1）热风采暖系统热惰性小，能迅速提高空气温度。这对于人们短时间逗留的场所，如体育馆、戏院等最为适宜。

（2）热风采暖系统可与送风系统联合，使其同时具有采暖和通风换气的作用。

（3）由于空气的密度小、比容大，所需的管道断面面积比较大，管道布置所占空间体积也大。

（4）热风采暖系统的噪声较大。

4）烟气采暖系统

烟气采暖系统是直接利用燃料在燃烧时所产生的高温烟气，在流动过程中通过传热面向房间内散出热量来达到采暖目的的。例如火炉、火墙、火炕等，在我国北方广大乡镇中有较普遍的使用。烟气采暖方法简便、实用、传统，但其燃烧设备简易，燃料燃烧不充分，热损失大，热效率低。此外，其温度高，卫生条件不够好，火灾的危险性也大。

表 5-2 为采暖系统热媒的一般选择。

表 5-2　采暖系统热媒的一般选择

建筑种类		适用采用	允许采用
居住及公共建筑	居住建筑、医院、幼儿园、托儿所等	不超过 95℃的热水	低压蒸汽，不超过 110℃的热水
	办公楼、学校、展览馆等	不超过 96℃的热水，低压蒸汽	不超过 110℃的热水
	车站、食堂、商业建筑等	不超过 110℃的热水，低压蒸汽	高压蒸汽
	一般俱乐部、影剧院等	不超过 110℃的热水，低压蒸汽	不超过 130℃的热水

5.2　采暖系统施工图

5.2.1　采暖系统施工图的基本规定

采暖系统施工图的基本规定如下。

（1）图纸幅面规格符合有关尺寸的要求。

（2）采暖工程施工图常用图例可参照表 5-3，也可以自行补充，但应避免混淆。

（3）管道标高一律标注在管中心，单位为 m。标高标注在管段的始、末端，上翻、下翻及交叉处，要能反映出管道的起伏与坡度变化。

（4）管径规格的标注，焊接钢管一律标注公称直径，并在数字前加“DN”；无缝钢管应标注外径×壁厚，并在数字前加“D”，如 D89×4 指其外径为 89mm，壁厚为 4mm。

（5）散热器的种类尽量采用一种，可以在说明中注明种类、型号，在平面及立管系统图中只标注散热器的片数或长度；散热器种类在两种或两种以上时，可用图例加以区别，并分别标注。

（6）采暖立管的编号，可以用 8～10mm 中线，圈内注阿拉伯数字来表示。立管编号同时标于首层、标准层及系统图（透视图）所对应的同一立管旁。系统简单时可不进行编号。系统图中的重叠、密集处，可断开引出绘制，相应的断开处宜用相同的小写拉丁字母注明。

表 5-3　采暖工程施工图常用图例

序　号	名　称	图　例
1	管道	
2	采暖供水（汽）管回（凝结）水管	
3	保温管	
4	软管	
5	方形伸缩器	
6	套管伸缩器	
7	波形伸缩器	
8	弧形伸缩器	
9	球形伸缩器	
10	流向	
11	丝堵	
12	疏水器	
13	散热器三通阀	
14	球阀	
15	电磁阀	

续表

序　号	名　称	图　例
16	角阀	
17	三通器	
18	四通阀	
19	压力表	
20	温度计	
21	“Y”型过滤器	
22	滑动支架	
23	固定支架	
24	截止阀	
25	闸阀	
26	止回阀	
27	安全阀	
28	减压阀	
29	膨胀阀	
30	散热器放风门	
31	手动排气阀	
32	自动排气阀	
33	节流孔板	

续表

序号	名称	图例
34	散热器	
35	集气罐	
36	管道泵	
37	过滤器	
38	除污器	
39	暖风机	
40	电动水泵	
41	流量计	
42	冷水表	

5.2.2 采暖施工图的组成与内容

采暖工程施工图由平面图、系统图和详图三个主要部分组成。

1. 平面图

采暖工程平面图表示建筑物各层采暖管道与设备的平面布置情况，主要包括以下内容。

（1）房间名称，编号，散热器的类型、位置和数量。

（2）引入口位置，供、回水总管名称，管径的大小。

（3）干、立、支管的位置、走向、管径、立管编号。

（4）膨胀水箱、集气罐、阀门位置与型号。

（5）补偿器型号、位置、固定支架位置。

（6）室内管沟的位置、走向、尺寸。

平面图的比例一般与建筑平面图相同，常用 1∶50、1∶100、1∶200 等。

2. 系统图

系统图也称轴测图，是采暖系统立体结构的整体图形，可清楚地表明系统的组成及设备、管道、附件等的空间关系。在图上要标明立管编号、管径、管道标高、坡度、散热器片数、集气罐、膨胀水箱及阀门的型号与规格等，其比例与平面图相同。

3. 详图

详图表示采暖系统节点与设备的详细构造与安装尺寸要求。一般直接选用国家标准图集，可不出详图，但要加以说明，给出标准图号。

施工图的内容除上述三个主要组成部分外，还应有设计图纸目录和必要的设计说明，有时还要列出主要材料、设备明细表等。

5.2.3　采暖施工图举例

为了更好地了解采暖施工图的组成与内容，掌握识读和绘制施工图的方法和技能，现以某办公综合楼采暖施工图为例加以简要说明。

该办公综合楼是 1 栋 4 层楼房。施工图纸包括 1、2、3、4 层采暖平面图、系统图，下面做详细介绍。

该办公楼综合楼正面朝南，采暖系统是机械循环单管顺流上供下回式热水采暖系统。

（1）通过平面图和系统图（见图 5-4～图 5-7）及施工说明可知散热器的类型、片数和安装方式。散热器型号为 M-132，片数已分别标在各层平面图中。

（2）从底层供暖平面图（见图 5-4）看出，供水总管由西向东，一直沿管沟至室外墙内侧总立管止。管道的安装深度为−0.7m，管沟宽 1.0m、高 1.2m（可表示为 1.0m×1.2m）。回水总管出口与供水总管入口在同一位置，回水干管沿四周外墙内侧全部敷设在管沟内，埋深 0.35m。回水干管的坡度为 0.03，坡向排出口。立管的总数为 20，干管的管径分别为 DN25、DN40、DN50、DN70。散热器的片数均在旁边予以标注。

（3）从顶层平面图和系统轴测图（见图 5-6、图 5-7）可知，供水干管沿外墙敷设，布置在顶层顶棚下面。图上已标出了管径坡度、标高。供水总管管径为 DN70，干管坡度为 0.003，坡度方向与水流方向相反。供水干管末端设集气罐一个，规格为 DN150，*L*=300mm，放气管引导开水向污水槽上方。环路有立管 20 根，双面连接散热器的立管直径为 DN20，单面连接的立管为 DN15，支管均为 DN15。每根立管上、下各设截止阀一个。供水干管 L_4、L_5 之间及 L_{14}、L_{15} 之间均设有固定支架，对于系统起到稳固的作用。

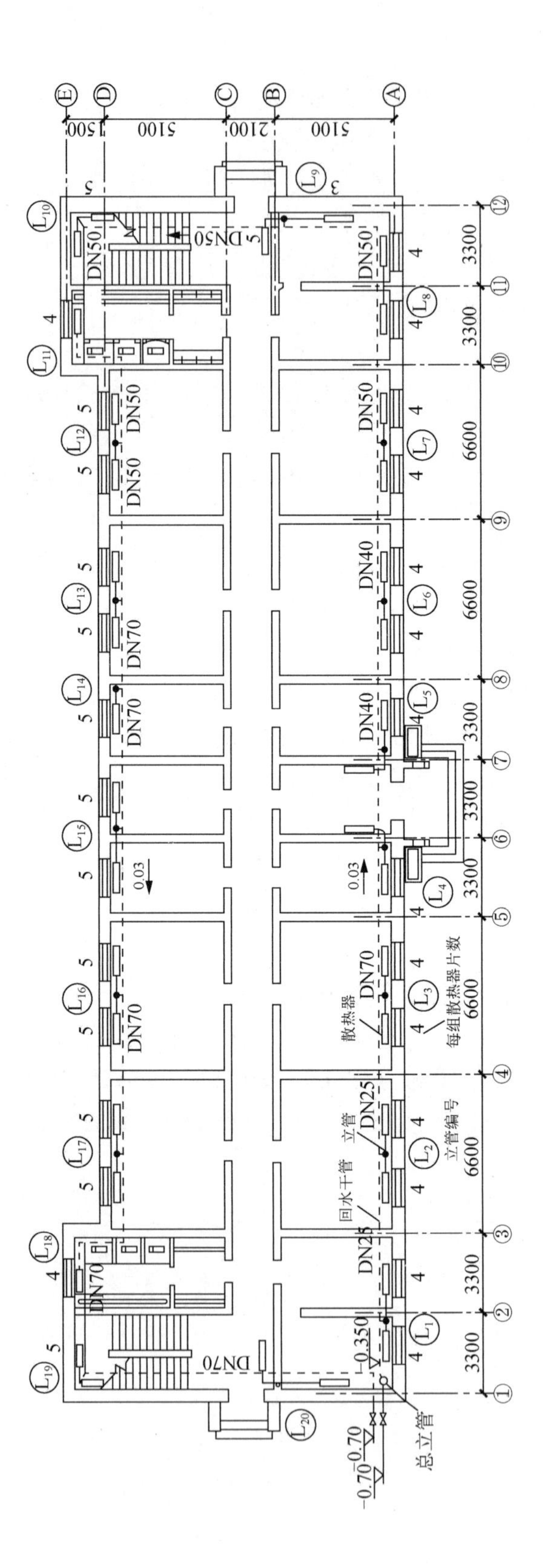
回水干管
立管
散热器
立管编号
每组散热器片数
总立管
DN25
DN40
DN50
DN70
0.03
−0.350
−0.70
5100
2100
1500
3300
6600

图 5-4　底层供暖平面图

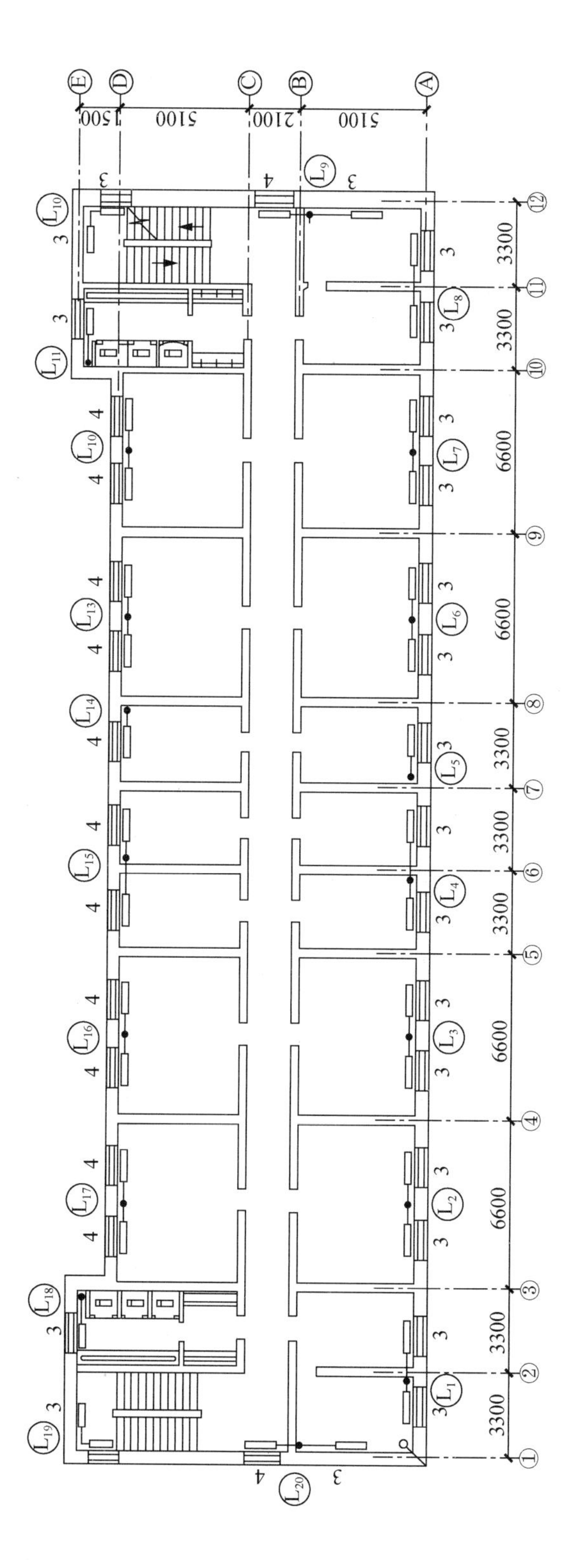

图 5-5 二、三层供暖平面图

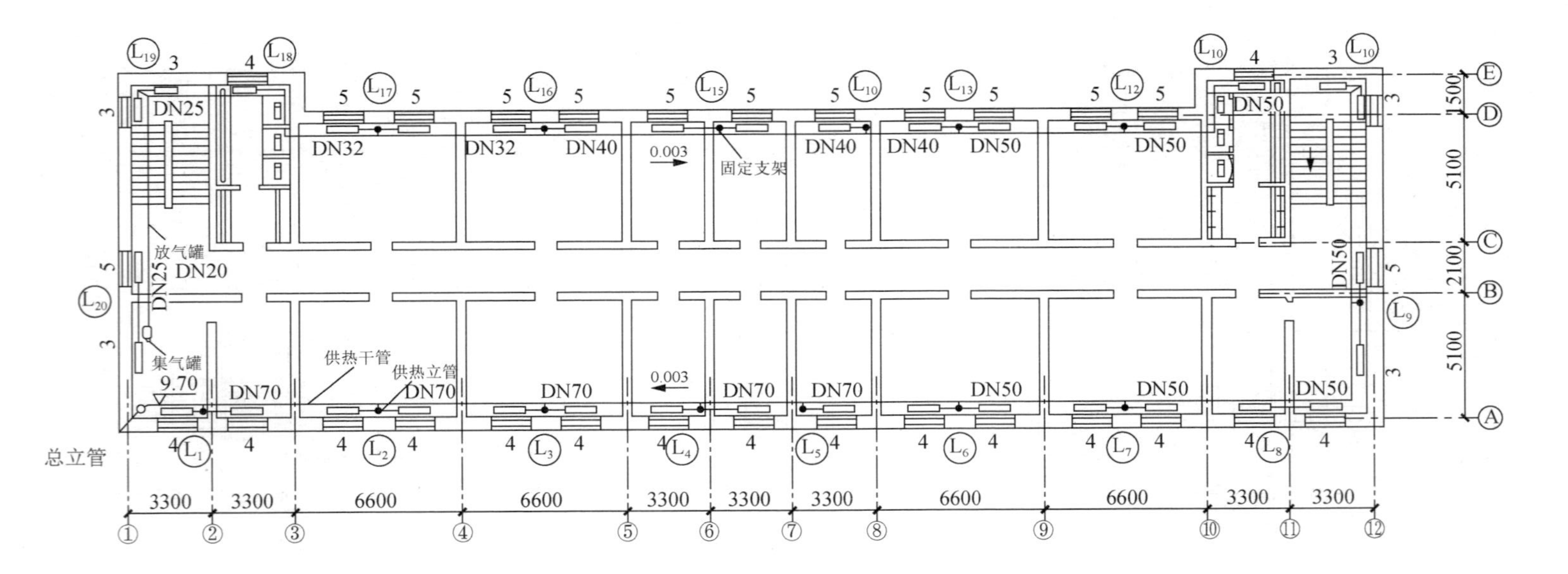

图 5-6　顶层供暖平面图

注：全部立管管径为DN25，支管直径为DN20。

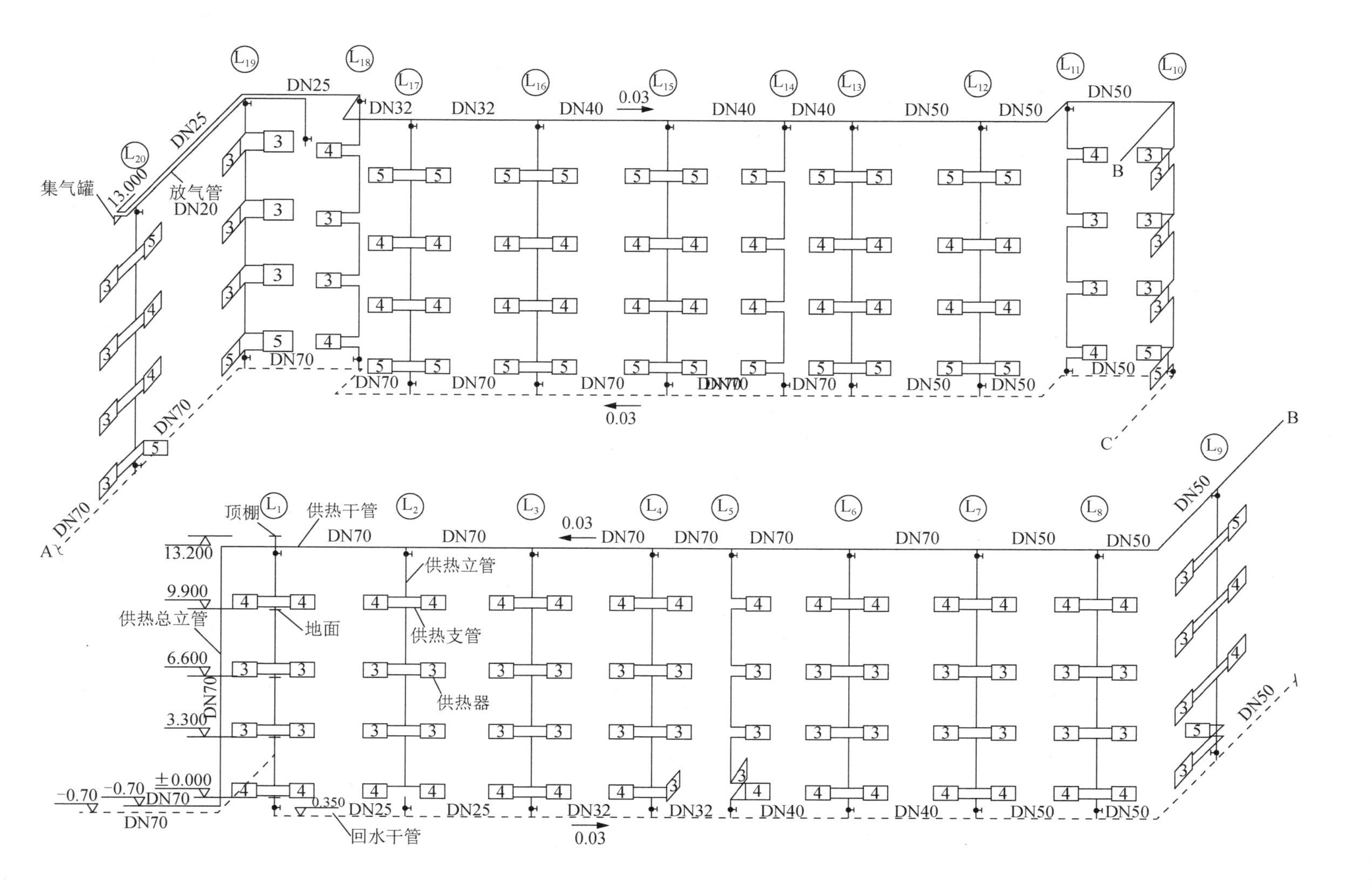
集气罐
放气管
DN20
顶棚
供热干管
供热立管
供热支管
供热器
供热总立管
地面
回水干管
13.200
9.900
6.600
3.300
±0.000
-0.70
0.350
13.000
0.03
DN70
DN50
DN40
DN32
DN25

图 5-7　供暖系统轴测图

5.3 热水采暖系统的管路布置与敷设

热水采暖系统的管路布置与敷设主要是指系统入口、供回水干管、立管、连接散热器的支管和系统阀门的布置。

5.3.1 室内热水采暖管道的布置

在确定了采暖系统的基本形式后，需进行管道的布置。在集中采暖系统中，采暖管网的投资占整个采暖工程总投资的50%左右，并且随着采暖半径的增大和热负荷的增加，占管网的总投资的份额也会随之增加。室内采暖管道布置是否合理，直接影响工程的造价和系统的使用效果。因此，管路布置与敷设应遵循的原则就是根据建筑物的具体条件，与外网的连接形式以及运行情况等选择合理的布置方案。力求系统管道走向布置合理，节约管材；各分支环路热负荷较均衡，阻力易于平衡，便于运行调节和维护管理，保证系统正常工作。

采暖系统引入口的设置：采暖系统引入口是指室外采暖管网与热用户采暖的连接处。室外管网与室内采暖系统连接应装有必要的设备、仪表及控制装置。一般装有压力表、温度计、旁通管、平衡阀、除污器和泄水阀等（见图 5-8）。采暖系统引入口可设在建筑物中间或两端，一般根据锅炉房位置和室外管道走向来决定。同时还应考虑有利于内部系统环路的划分，以及缩短系统的作用半径。采暖系统引入口一般为一个，对于大型的建筑物可设两个或两个以上。较大的引入口宜设在建筑物底层的专用房间内，较小的引入口可设在入口地沟内或地下室。当管道穿过基础、墙和楼板时，应按照规定尺寸预留孔洞。

5.3.2 环路划分

环路划分就是把整个采暖系统划分为几个分支环路，构成数个相对独立的子系统。在布置供、回水干管时，首先确定供、回水干管的走向，将系统合理地分成若干支路，其目的在于合理地分配，便于控制、运行调节和维修。环路的多少和大小，应视具体情况而定，尽量使并联环路阻力易于平衡，不致过于复杂，做到经济合理。

1. 两个分支同程式环路系统

图 5-8 是双环路的同程式系统。该系统入口在中部，供水干管从北向南沿外墙环形布置。回水干管同供水干管一样，也沿外墙布置。当然，还可以采用其他的布置形式，应视建筑物的具体要求而定。在各个分支环路上，应设置关闭和调节装置。

2. 四个分支环路异程式系统

图 5-9（a）为四个分支环路异程式系统，它的特点是系统南北分环，易于调节，环路的供回水干管管径较小。如果各环的作用半径大，则易出现水平失调。

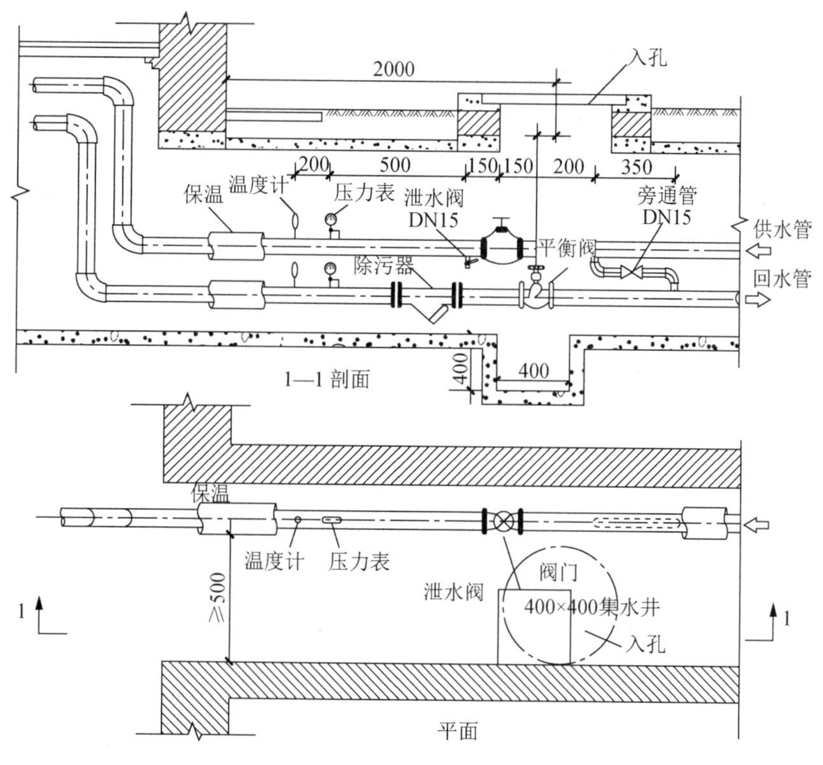

图 5-8　热水供暖系统的入口

另外，两个环路同程式系统[见图 5-9（b）]及无分支环路同程式系统也是常见的两种形式。

由上可见，为了更好地解决南、北向房间的冷热不均问题，在条件允许时，南向和北向房间宜单独设置环路，运行时便于按不同朝向调节供热量，以取得较好的使用效果。

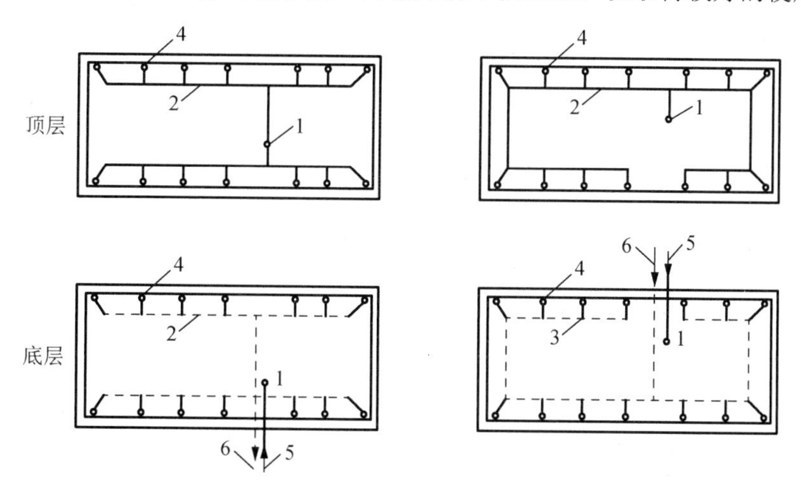

（a）四个分支环路的异程式系统　　（b）两个环路的同程式系统

1—供水总立管；2—供水干管；3—回水干管；4—立管；5—供水入口管；6—回水出口管

图 5-9　常见的供、回水干管走向布置方式

5.3.3 室内热水采暖管道的敷设

采暖管道一般采用水煤气输送钢管或无缝钢管，管道的连接方式有螺纹连接、法兰连接和焊接。采暖管道的敷设有明装和暗装两种方式。

1. 主立管的安装

主立管的安装应在安装之前检查预留孔洞位置和尺寸是否符合要求，否则应加以调整。主立管的安装一般采用焊接连接，自下而上逐层安装。安装时，穿楼板管段应加套管并进行临时固定，然后把管子固定在支架上。

2. 干管的安装

干管的安装应首先确定干管的安装位置，然后按照施工图纸的要求，在建筑物的墙、柱上采用拉线法等方法画出管道的安装位置，并确定支架的标高。采暖管道的下料长度应根据施工现场的具体条件决定，尽可能地利用整条管子以减少管道的接口数量。管道上架后应注意利用支架对管道进行调整，使其与墙的距离、干管的标高及坡度均应符合图纸或规范的要求。

3. 立管的安装

立管的安装是采暖系统中结构比较复杂的一道工序。同主立管一样，应在安装之前检查预留孔洞位置和尺寸是否符合要求，现场的开孔应从最高层开始，向下逐层进行。立管的安装应由下而上进行。立管与干管的连接一般采用乙字弯短管，与散热器支管的连接应根据散热器的安装位置及标高确定连接点，并且在建筑物的墙体或柱上画出连接位置，根据现场的实测数据进行管道的下料，最后用立管卡进行固定。立管与干管的连接处，上下两端均应加设弯头，形成应力补偿（见图 5-10 立、干管连接）。

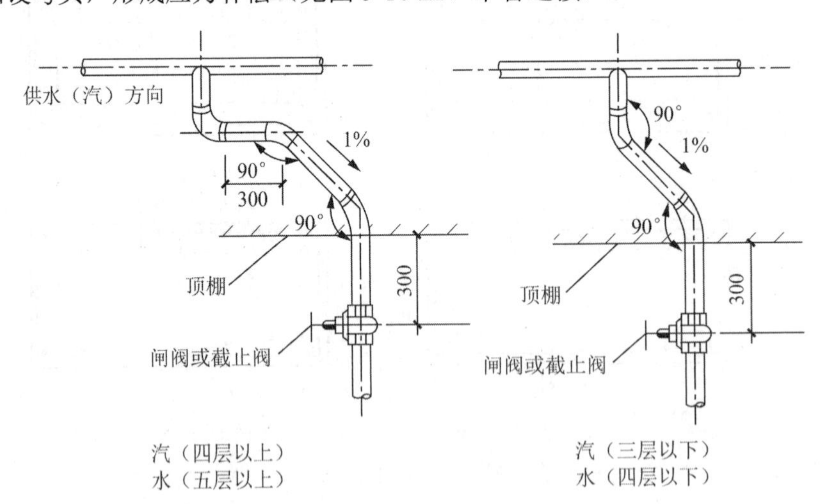

（a）顶棚内立、干管连接

图 5-10 立、干管连接

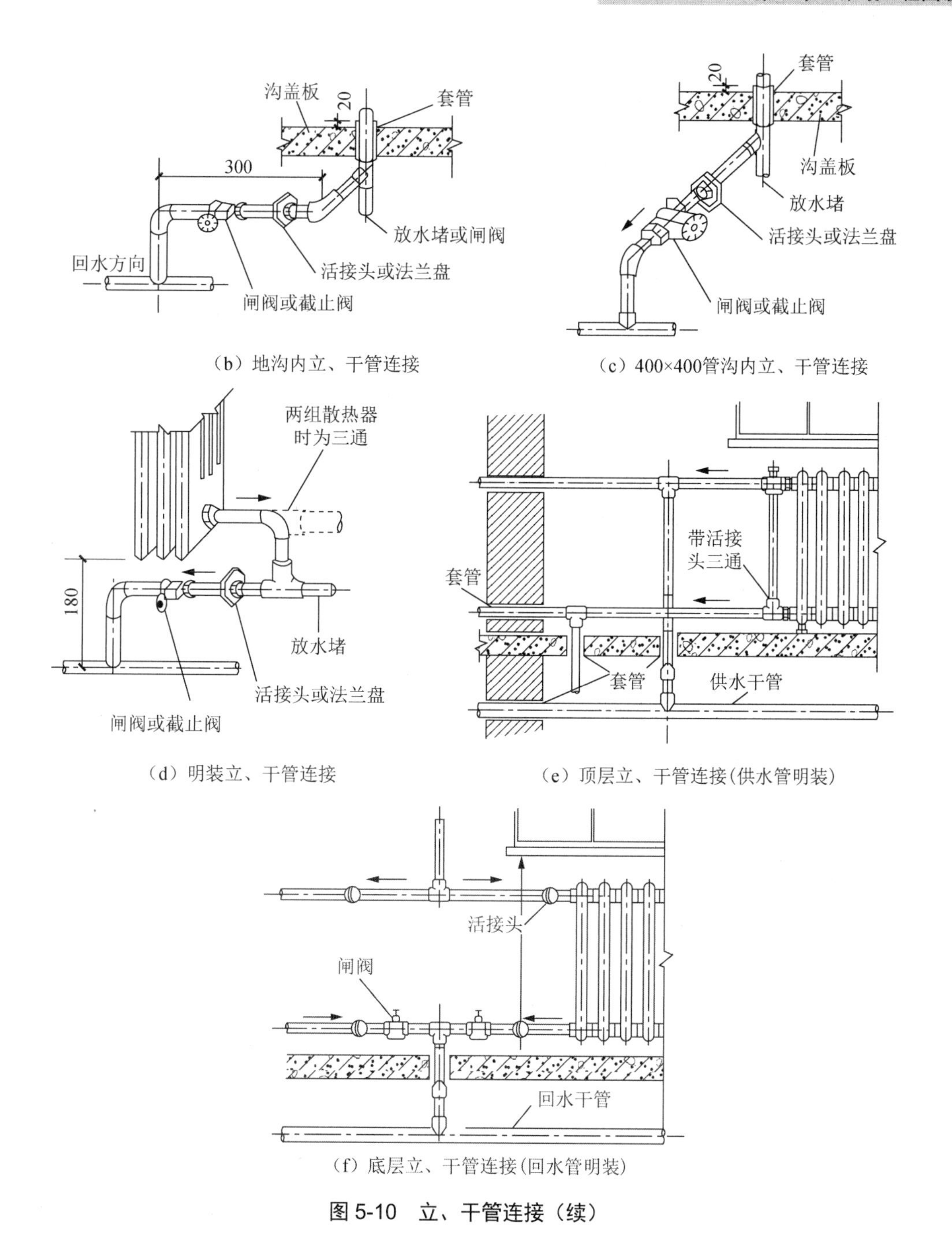

（b）地沟内立、干管连接

（c）400×400管沟内立、干管连接

（d）明装立、干管连接

（e）顶层立、干管连接(供水管明装)

（f）底层立、干管连接(回水管明装)

图 5-10　立、干管连接（续）

说明：若四层以上为单管顺序式或闭合管系统时，立、干管连接可用四层以下接法。

4. 散热器的支管安装

散热器的支管安装应注意散热器支管在运行中和安装中的特点。散热器支管一般很短，且管子配件多、接口多，工作时受力变形较大，施工时可取管子配件或阀门等实物，逐段比量法下料、安装，以保证散热器支管安装的准确性。

5.3.4 管道布置与敷设应注意的问题

采暖管道有明装与暗装两种敷设方式。室内采暖管道应明装，有特殊要求时，方可采用暗装。明装就是管道敞露于外面装置。其优点是安装维修方便，造价低；缺点是影响室内整洁与美观。暗装就是将管道隐蔽起来装置（如管道竖井内）。暗装的优点是不影响室内整洁与美观；缺点是安装复杂，维修不方便。

管道布置与敷设时应注意以下问题。

（1）安装在腐蚀性房间内的采暖管道应采取防腐措施。

（2）管道穿过隔墙和楼板时，应预留孔洞，装设套管。

（3）管道敷设在地沟、技术夹层、闷顶及管道井内或易冻结的地方要采取保温措施。

（4）对于穿过基础、变形缝的管道以及镶嵌在建筑结构内的立管，应采取防护措施，预防建筑物下沉而损坏管道。

（5）当管道必须穿过防火墙时，应在管道穿过处采取固定和密封措施，并使管道可向墙的两侧伸缩。

（6）采暖管道不得同输送蒸汽、燃点低于或等于 120℃的可燃液体或可燃腐蚀性气体的管道在同一条管沟内平行或交叉敷设。

（7）立管应尽量布置在墙角，此处温度低、潮湿，可防止结露，也可沿两窗之间的墙向中心线布置。楼梯间和其他有冻结危险的场所应单独设置立管，且在与散热器连接的支管上不得装设调节阀。立管上下均应设阀门，以便于检修。

（8）当干管布置在顶棚下时，圈梁与窗顶间应有足够的距离，以保证管道按规定坡度敷设。同时应注意为了排除系统中的空气，要在供水干管末端设置集气罐。

（9）回水干管在底层地板面上敷设时，也应注意使管道有一定的坡度。管道坡度，对于机械循环一般为 0.003，但不得小于 0.002，重力（自然）循环系统为 0.005～0.01。

（10）热水采暖系统供水干管的末端和回水干管的始端管径不宜小于 20mm。

（11）对于系统干管，伸缩器两侧、转弯处、行点分支处、热源出口及用户入口处必须设置固定支架。

5.4 蒸汽采暖系统

水在汽化时吸收汽化潜热，而水蒸气在凝结时要放出汽化潜热。蒸汽采暖系统就是以蒸汽为热媒，利用蒸汽在散热器中凝结时放出的汽化潜热向房间供暖，凝结水再返回锅炉。

蒸汽采暖系统根据所用蒸汽压力的不同，可分为低压蒸汽采暖系统（蒸汽压力≤70kPa）、高压蒸汽采暖系统（蒸汽压力在 70k～300kPa）和真空蒸汽采暖系统（蒸汽压力<0）。

按管路布置形式的不同，可分为上供下回式和下供下回式，单管式和双管式。工程中较为常用的形式为双管上供下回式。

5.4.1　低压蒸汽采暖系统

图 5-11 为双管上供下回式低压蒸汽采暖系统。它主要由蒸汽锅炉、蒸汽管道、散热器、疏水器、凝结水管、凝结水箱、凝结水泵组成。

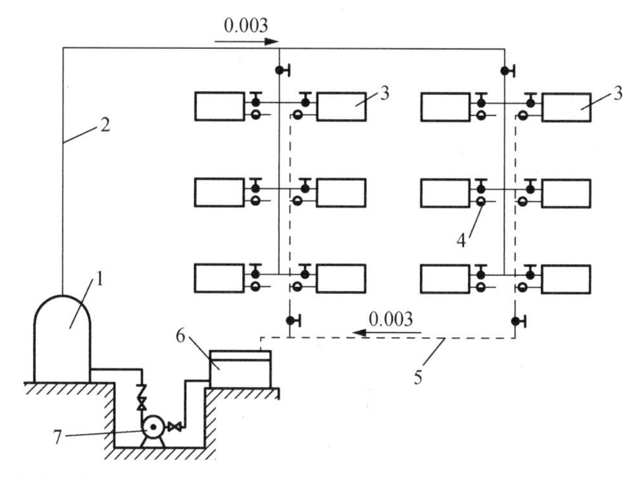

1—蒸汽锅炉；2—蒸汽管道；3—散热器；4—疏水器；5—凝结水管；6—凝结水箱；7—凝结水泵

图 5-11　低压蒸汽采暖系统

蒸汽锅炉产生的蒸汽通过供汽管道进入散热器，在散热器中，蒸汽释放汽化潜热变成凝结水，凝结水经疏水器沿凝结水管道流回凝结水箱，由凝结水泵将凝结水送回锅炉重新加热。

要使蒸汽采暖系统正常工作，必须将散热器内的空气及凝结水顺利及时地排出，因此在每组散热器的下部，设自动排气阀排除空气，如图 5-12 所示；每组散热器后设一个低压疏水器（也叫回水盒），疏水器可起到阻汽疏水的作用。

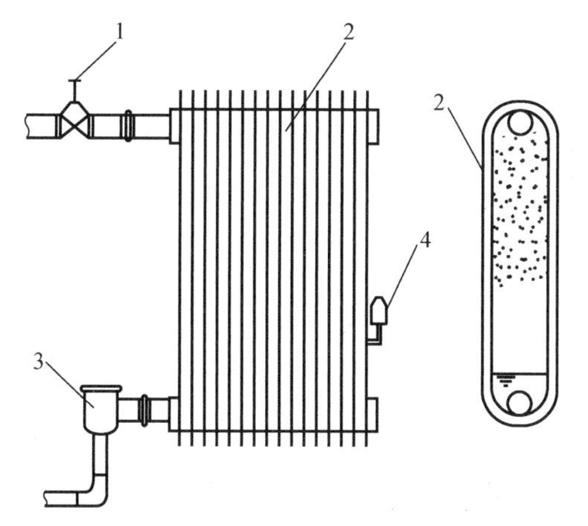

1—阀门；2—散热器；3—疏水器；4—自动排气阀

图 5-12　低压蒸汽采暖的散热器装置

为使凝结水可以顺利地流回凝结水箱，凝结水箱应设在较低处。同时，为了保证凝结水泵正常工作，避免水泵吸入口处压力过低使凝结水二次汽化，凝结水箱的位置应高于水泵，当凝结水温度低于 70℃时，水箱底部高出水泵进水口 0.5m。为了防止水泵停止工作时，水从锅炉倒流入凝结水箱，在锅炉和水泵间应设止回阀。

蒸汽在输送过程中，通过管壁向外散热从而形成一部分沿途凝结水，如不及时排出，汽水碰撞会产生水击现象，发出较大噪声，因此蒸汽干管应顺坡敷设，一般宜采用 3‰的敷设坡度。

蒸汽采暖系统一般是间歇运行，空气和蒸汽交替存在于系统内部，管道伸缩量大，系统腐蚀现象严重，因此，在设计和安装时均应充分考虑。

5.4.2 高压蒸汽采暖系统

如图 5-13 所示，高压蒸汽采暖系统由蒸汽锅炉、蒸汽管道、减压阀、散热器、凝结水管道、高压疏水器、凝结水箱和凝结水泵等组成。有工艺用汽时，减压阀前还应该有分汽缸。在高压蒸汽采暖系统中，减压阀安装在建筑物蒸汽管道的热力入口处，当锅炉（或分汽缸）产生的蒸汽压力超过室内采暖系统的工作压力时，减压阀起减压稳压的作用，使供向室内的蒸汽压力稳定地保持在采暖要求的范围之内。

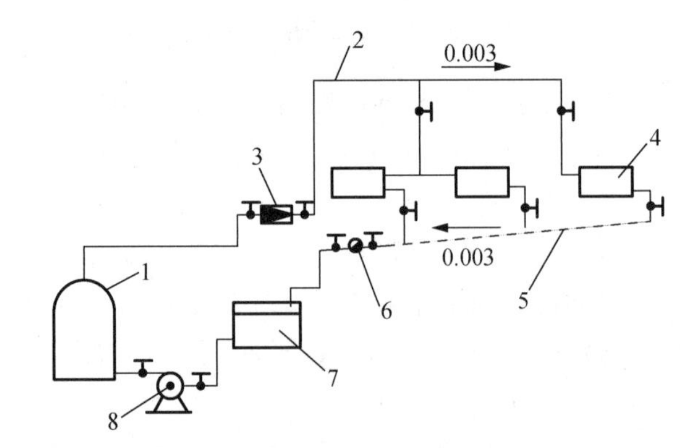

1—蒸汽锅炉；2—蒸汽管道；3—减压阀；4—散热器；
5—凝结水管道；6—高压疏水器；7—凝结水箱；8—凝结水泵

图 5-13 高压蒸汽采暖系统

高压蒸汽采暖系统中疏水器的构造与低压蒸汽系统的疏水器不同，在每一个环路的凝结水管上设置一个，常用疏水器有浮筒式和热动力式。凝结水泵一般采用高扬程的专用锅炉给水泵。工作过程与低压蒸汽采暖系统基本相同。

5.4.3 蒸汽采暖系统与热水采暖系统各自的优缺点

与热水系统相比较，由于蒸汽的温度比热水的温度高，所以散热器的散热性能好，所需的散热器片数少，所需热媒流量小，蒸汽管道流速大，蒸汽采暖系统所需管径小。蒸汽的容重小，当建筑物层数较多时，下部不易超压；热水采暖系统就容易出现超压现象。蒸汽采暖系统由于凝结水回收率低，系统漏气、跑气、冒气现象严重，能量损失大；热水采暖系统的温度低，热量损失少，热能利用率高，并且容易随着室外气温的变化集中调节室内热水的温度，节省能量。在蒸汽采暖系统中，热蒸汽和冷空气交替存在于系统中，当充满蒸汽时，房间很快就热起来，充满冷空气时，很快又冷下来，空气温度波动大，管道及散热设备腐蚀快；热水采暖系统蓄热能力大，系统热得慢，但冷得也慢，间歇采暖时，房间温度波动小，舒适。另外，热水采暖系统温度低，散热器上的尘埃不容易升华，卫生条件好。

由此可见，热水采暖系统是一种比较好的采暖方式，故在一般的民用和公共建筑内采用较多；蒸汽采暖系统只有在有汽源，并且室内对室温及卫生条件要求不太高的情况下才能考虑使用。

工程中也有个别使用真空蒸汽采暖系统。在这类系统中，蒸汽的饱和温度低于 100℃，蒸汽压力越低，则饱和温度也越低。较低的温度能满足卫生要求，系统超压等现象也可以避免。但由于系统中的压力低于大气压力，处于真空状态，稍有缝隙，空气就会漏入，从而破坏系统的正常工作。因此要求系统的严密性很高，并需要保持真空的专用自控设备，这就使真空蒸汽采暖系统应用不广。

5.5　热风供暖系统

热风供暖系统以空气作为热媒，可以用蒸汽、热水或烟气来加热空气。利用蒸汽或热水通过金属壁传热而将空气加热的设备称为空气加热器；利用烟气来加热空气的设备称为热风炉。

热风供暖，首先将空气加热，然后将高于室温的空气送入室内，热空气在室内降低温度，放出热量，从而达到供暖的目的。在既需要通风换气又需要供暖的建筑物内，常常用一个送出较高温度空气的通风系统来完成这两项任务。

在产生有害物质很少的工业厂房中，广泛地应用暖风机进行供暖。暖风机是由通风机、电动机以及空气加热器组合而成的供暖机组，直接装在厂房内。暖风机送风口的高度一般在 2.2～3.5m。在工业厂房中，暖风机的布置方案很多，图 5-14 是工业厂房中常见的布置方案。

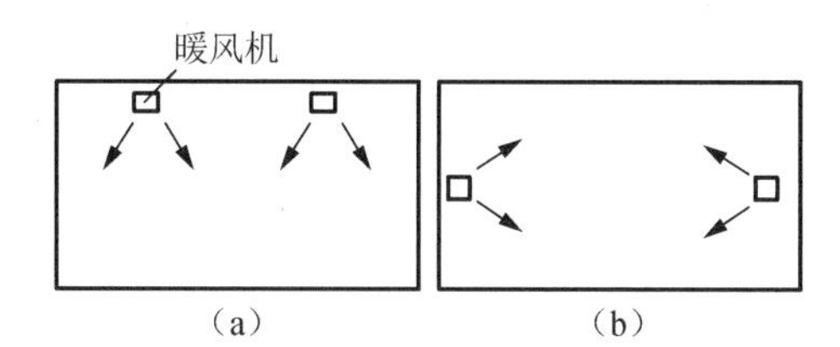

图 5-14　暖风机布置方案

5.6 散热器与采暖管道

散热器是以对流和辐射两种方式向室内散热的设备。散热器应有较高的传热系数，有足够的机械强度，能承受一定压力，消耗金属材料少，制造工艺简单，同时表面应光滑，易清扫，不易积灰，占地面积小，安装方便，美观，耐腐蚀。散热器按材质分为铸铁、钢制和铝合金等；按构造形式分为管型、翼型、柱型、板型等。

目前，我国常用的散热器有以下几种。

5.6.1 铸铁散热器

铸铁散热器是用铸铁浇铸成的，常见的有翼型和柱型两类。翼型散热器有长翼型和圆翼型；柱型散热器有四柱型、五柱型和二柱型。

1. 翼型散热器

（1）长翼型散热器：图 5-15 所示是一个在外壳上带有肋片的中空壳体。在壳体侧面的上、下端各有一个带丝扣的穿孔，供热媒进出，并可借正反螺丝把单个散热器组合起来。目前常用的长翼型散热器有两种规格，由于其高度均为 600m，所以习惯上称这种散热为“大 60”及“小 60”。“大 60”的宽度为 280mm，带有 14 个肋片；“小 60”的宽度为 200mm，带 10 个肋片，其他尺寸相同。翼型散热器的特点是结构简单，易于加工制造，耐腐蚀，造价较低，但承压能力低，易积灰，难清扫，外形不美观。另外，这种散热器的单片散热面积大，不易恰好组成所需要的面积，容易造成散热器面积过大。

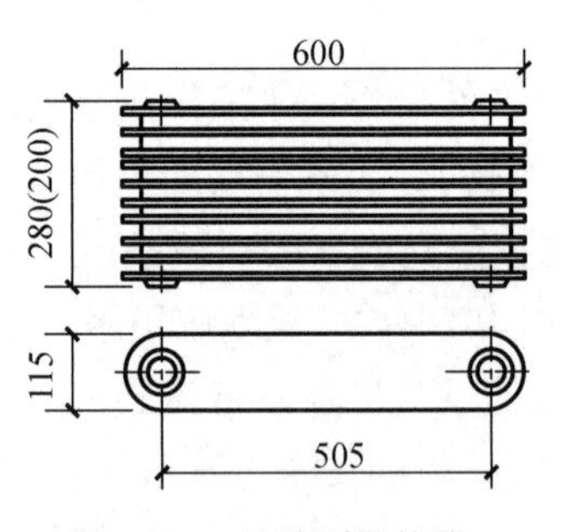

图 5-15 长翼型散热器

（2）圆翼型散热器：图 5-16 所示是一根外面带有圆翼片的圆管，其规格用 DN 表示，有 DN50（内径为 50mm，有 27 片肋片）和 DN75（内径为 75mm，有 47 片肋片）两种，目前常用的是 DN75 型，每根长度为 1m，两端带有法兰，可以用螺栓将若干个圆翼型散热器用 180° 弯头拼装成组。

翼型散热器一般用于工业建筑中。

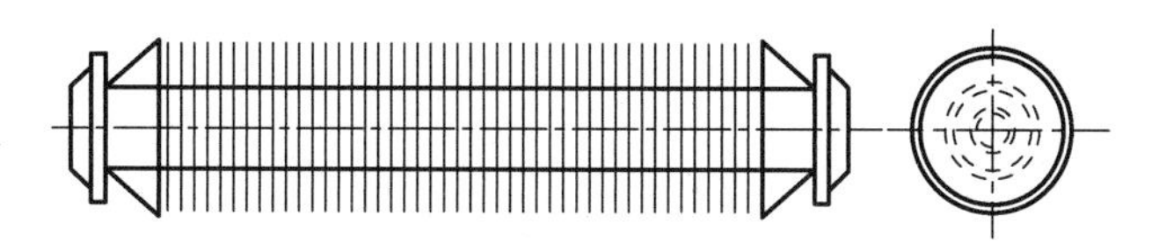

图 5-16　圆翼型散热器

2. 柱型散热器

柱型散热器是呈柱状的单片散热器。外表光滑无肋片，每片各有几个中空的立柱相互连通，在散热器的顶部和底部各有一对带丝扣的孔供热媒进出，并可借正、反螺丝把单个散热片组合起来。我国目前最常用的柱型散热器有五柱型（由 5 个中空立柱组成）、四柱型、二柱型。四柱型又有 813 型、760 型、640 型、460 型等规格，它们的高度（带足片的高度）分别为 813mm、760mm、640mm、460mm，图 5-17（a）为四柱 813 型散热器。柱型散热器有的带足，有的不带足。组装时两端采用带足的片（片数多时中间加带足的片），可以安放在地面上。二柱型也叫 M-132 型，它的宽度为 132mm，两侧为柱状，如图 5-17（b）所示。

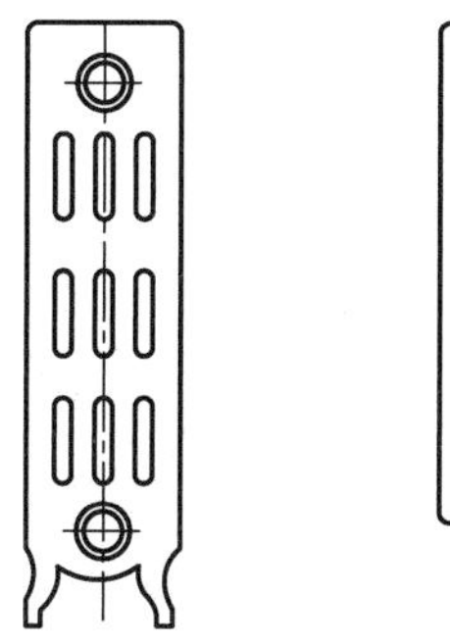

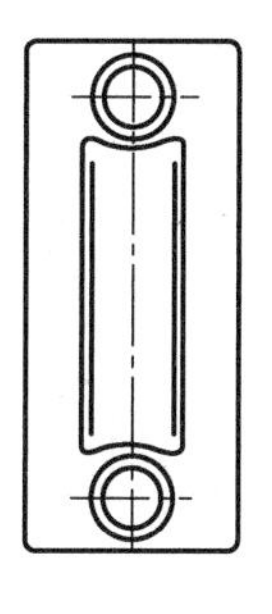

（a）四柱813型散热器　（b）M-132型散热器

图 5-17　柱型散热器

另外，有些厂家还推出新产品，主要有四细柱 500 型、四细柱 600 型、四细柱 700 型、六细柱 700 型等，这些柱型散热器的宽度比原来的要小，立柱也更细，增加了美观度。

柱型散热器的传热系数高，外形美观，易清除积灰，易于组成所需要的散热面积，但造价高，金属热强度低，组片接口多，承受压力较低。柱型散热器适用于住宅和公共建筑。

5.6.2　钢制散热器

钢制散热器的种类较多，工程中较为常用的有以下几种。

1. 排管式散热器

如图 5-18 所示，该散热器由钢管焊接而成，也叫光面管式，有 A 型（蒸汽）和 B 型（热水）两种。排管式散热器型号的表示方法为 D108-2000-3，表示排管直径为 108mm，长度为 2000mm，3 排。排管式散热器为使热水依次流经每根排管，防止短路，排管之间的相邻两根短管有一根不通，只起支撑作用。

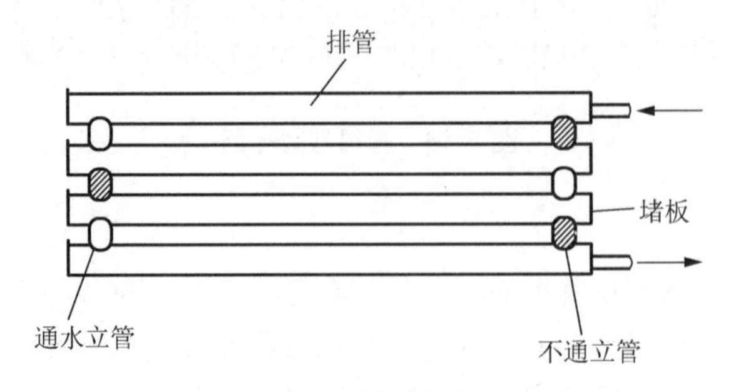

图 5-18　排管式散热器

排管式散热器的传热系数大、表面光滑不易积灰、便于清扫、承压能力高，可现场制作并能随意组成所需的散热面积；但钢材耗量大，造价高，占地面积大，外形不美观，易锈蚀。此类散热器适用于粉尘较多的车间及临时性采暖设施。

2. 钢串片式散热器

钢串片式散热器由联箱连通的两根平行钢管外套上许多长方形薄钢片构成，如图 5-19 所示。其长度有 400mm、600mm、800mm、1000mm、1400mm 等多种规格。

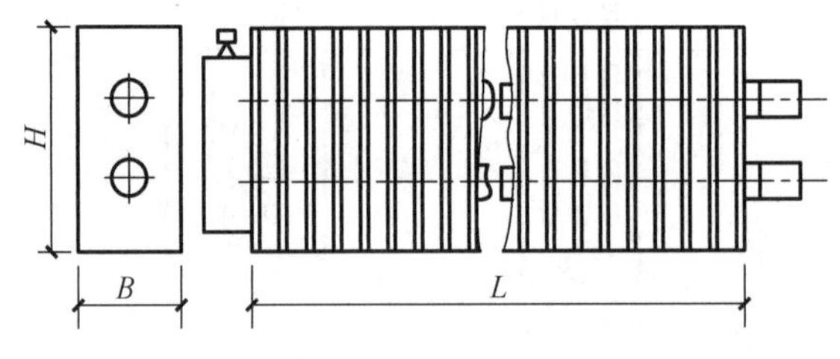

图 5-19　闭式钢串片散热器

钢串片式散热器的串片采用 0.5mm 的薄钢片，运输安装时易损坏，串片也容易伤人，于是出现了经过改进的闭式钢串片散热器。它是将每个串片两边折成 90° 角，紧靠相邻串片，封闭串片的空隙，起到了罩子的作用，增加了对流散热的能力，同时也无须配置密闭对流罩，造价显著降低，散热器的强度和安全性也得到了改善，所以目前多使用闭式钢串片散热器。

钢串片式散热器的特点是重量轻，体积小，承压高，制造工艺简单，但造价高，耗钢材多，水容量小，易积灰尘。钢串片式散热器适用于承受压力较高的采暖系统。

3. 钢制板式散热器

钢制板式散热器的种类较多，但共同的特点是靠钢板表面向外散热，热媒在前后两块焊在一起的钢板中间流动，如图 5-20 所示。钢制板式散热器具有传热系数大、美观、重量轻、安装方便等优点，但热媒流量小，耐腐蚀性差，成本高。钢制板式散热器适用于民用建筑热水采暖系统。

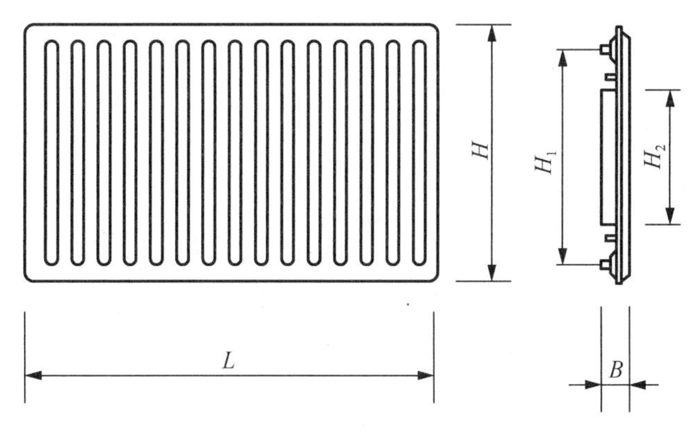

图 5-20　钢制板式散热器

4. 钢制柱式散热器

钢制柱式散热器的构造与铸铁柱型散热器相似，有三柱和四柱两种类型。采用 1.5～2mm 厚的钢板经过冲压延伸形成片状半柱型，将两片片状半柱型钢板经压力滚焊复合成单片，单片之间经气体弧焊连成一组散热器，如图 5-21 所示。这种散热器的水容量大，热稳定性好，易于清扫，但造价高，金属热强度低。

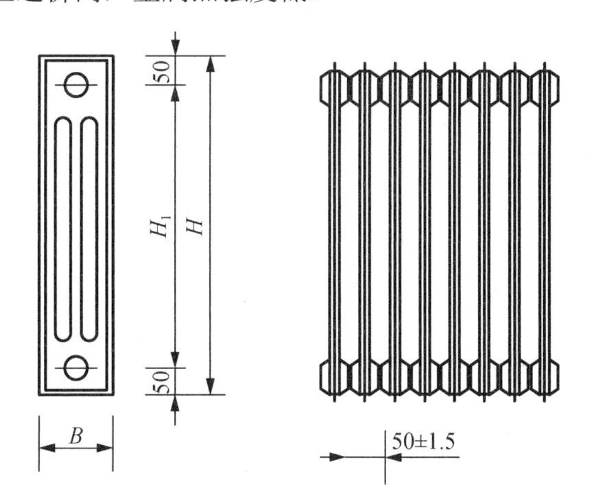

图 5-21　钢制柱式散热器

5. 钢制扁管式散热器

钢制扁管式散热器是用薄钢板制成的长方形钢管叠加在一起焊成的，如图 5-22 所示。钢制扁管式散热器占用空间小，重量轻，安装维护方便，承压性能好，可用于各种热媒。其适用于宾馆、办公楼、学校、住宅等建筑，有一定的装饰作用。

钢制散热器与铸铁散热器相比，有以下一些特点：金属耗量少，耐压强度高，美观、整洁。钢制散热器的主要缺点是易受到腐蚀，寿命短，不适合用于蒸汽供暖系统和潮湿及有腐蚀性气体的场所。

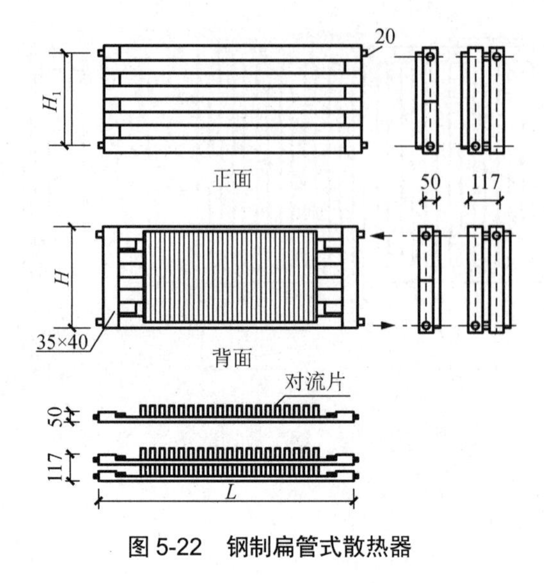

图 5-22 钢制扁管式散热器

5.6.3 铝合金散热器

铝合金散热器常用的是柱式散热器，体积小，重量轻，金属耗量少，美观，多挂在墙上，有装饰作用，但水容量小，造价高。

5.6.4 散热器的布置

散热器的布置原则是尽量使房间内温度分布均匀，管道短，并满足美观要求。散热器一般布置在外墙窗台下，这样可直接加热由窗缝渗入的冷空气，使房间温度分布均匀，避免靠窗处有“冷气袭人”的感觉。考虑到热空气上升的规律，高房间及楼梯间内的散热器应大部分布置在其下部。散热器一般为明装，因为明装传热效果好，并易于清扫和维修。只有在美观上要求高或由于热媒温度高需防烫伤或碰伤时，才采用暗装。为防止冻裂，双层外门的外室和门斗中，不宜设置散热器。散热器可挂在墙上，也可放在地面上（有带足片的）。要求离窗台不得小于 50mm，离墙壁抹灰面不得小于 25mm。散热器一般多采用银粉漆作表面涂料，这种金属涂料对散热器的辐射散热有一定的阻隔作用，因此应尽量选用非金属涂料。

第6章　空调通风系统设计

空调系统往往把室内空气循环利用，把新风与回风混合后进行热湿处理和净化处理，然后送入被调房间；而通风系统不循环利用回风，对送入室内的新鲜空气不做处理或仅做简单加热或净化处理，并根据需要将排风进行除尘净化处理后排出或直接排出室外。本章介绍通风系统设计，包括通风形式、通风系统常用设备及构件、空调建筑的防火排烟、通风设备图的表示方法以及识读通风施工图。

6.1　通风形式

暖通空调常用的通风方式包括自然通风和机械通风，下面分别进行介绍。

6.1.1　自然通风

自然通风是借助自然压力“风压”和“热压”促使空气流动，机械通风是依靠机械系统产生的动力强制空气流动。

自然通风的方式包括有组织的自然通风和渗透通风。渗透通风是指在风压、热压或人为形成的室内正压或负压的作用下，通过围护结构的孔口缝隙进行室内外空气交换的过程。

根据流体力学原理，不论是排出室内高温或被有害物污染了的空气，还是把室外新鲜空气送进室内，其实质是造成空气的流动，而在空气流动过程中将克服门、窗等阻力，给空气造成一定的动力是通风换气的必要条件。

自然通风是利用室内外温度差所造成的热压或风力作用而形成的风压，来实现换气的一种通风方式。

1. 热压造成的自然通风

当车间内外空气温度不同，室内空气温度高于室外空气温度时，由于热空气重量轻，就有一股往上升的力量。于是室外的空气就从下边的门、窗或墙上开孔处补充到房间里来。

2. 风压造成的自然通风

利用自然界风的力量也可以使室内进行通风换气。比如，建筑物上有门窗，风可以从迎风面的门窗吹进来，又可以把室内的空气从背风面的门窗压出去，使车间达到通风换气的目的。

3. 热压、风压同时造成的自然通风

一座建筑物，迎风面下部热压、风压作用的方向一致，进风量要比热压单独作用时大，如果迎风面上部的风压大于热压，就不能从上部开口排气，相反将变为进气，形成倒灌。由于室外风速、风向甚至在一天内也变化不定，为了保证自然通风的效果，风压在计算中一般均不予考虑。但是，风压是客观存在的，故定性地考虑风压在自然通风中的影响，仍是必要的。

4. 自然通风的应用

自然通风的换气量很大，不消耗电能，同时无机械通风所产生的对人体有害的噪声。另外，它是一种最经济、最有效的通风方式。

将自然通风与作为局部送风及局部排气的机械通风合用，常常是最合理的。

5. 自然通风装置

常用的自然通风装置有天窗，包括：挡风天窗；局部自然排气管道的末端和需要加强全面通风的屋顶上的风帽；纺织厂设置的锯齿形厂房；炼钢厂厂房屋顶设置的井式天窗等。

自然通风进入工厂化工生产，这无疑和工厂化工生产的空气调节箱一样，带来的是设备体积的缩小，排风效率的提高；同时带来整个工程造价的降低，也大大减少了暖通工程设计人员的工作量。

6. 自然通风在现代建筑中的技术原理及应用

自然通风是在压差推动下的空气流动。根据压差形成的机理，可以分为风压作用下的自然通风和热压作用下的自然通风。

当有风从左边吹向建筑时，建筑的迎风面将受到空气的推动作用形成正压区，推动空气从该侧进入建筑；而建筑的背风面，由于受到空气绕流影响形成负压区，吸引建筑内空气从该侧的出口流出，这样就形成了持续不断的空气流，成为风压作用下的自然通风。

当室内存在热源时，室内空气将被加热，密度降低，并且向上浮动，造成建筑内上部空气压力比建筑外大，导致室内空气向外流动，同时在建筑下部，不断有空气流入，以填补上部流出的空气所让出的空间，这样形成的持续不断的空气流就是热压作用下的自然通风。

根据进出口位置，自然通风可以分为单侧的自然通风和双侧的自然通风。图 6-1 就是双侧自然通风系统示意图，而图 6-2 表示的是单侧的自然通风形式。

由于自然通风系统运行的动力来自自然界的自然过程，所以该技术自古以来就是一种

免费的自然冷却技术，在旧建筑中得到了广泛的应用。在空调技术和产品日益发展以后，该技术逐渐被人们淡忘。但是，20 世纪发生能源危机和全球环境危机后，集合低能耗、高环境价值的自然通风技术作为重要的生态建筑技术之一受到广泛关注。关于其运行机理的研究和建筑设计的实践报道非常丰富，特别是在示范性生态建筑中，自然通风更是一种重要手段。图 6-1 和图 6-2 是上海建筑科学研究院主持设计、建设的生态示范办公楼，图 6-2 给出了利用太阳能增强热压形成自然通风的烟囱外形图。

图 6-1　上海辛庄生态示范办公楼全景

图 6-2　上海辛庄生态示范办公楼自然通风烟囱

随着城市化进程的不断发展，城市地面交通和建筑之间的日益融合，自然通风技术能否再度成为城市生态建筑的主流则需要讨论。

7. 自然通风系统设计中的限制性条件

从建筑室内环境控制的角度，讨论自然通风系统设计中的限制性条件。

自然通风技术作为一种免费的技术，它的应用必然受到环境的限制。对于室外环境温、湿度比较温和的地区，该技术的应用非常成熟。

1）室内得热量的限制

应用自然通风的前提是室外空气温度比室内低，通过室内空气的通风换气，将室外风引入室内，降低室内空气的温度。很显然，室内外空气温差越大，通风降温的效果越好。对于一般的依靠空调系统降温的建筑而言，应用自然通风系统可以在适当时间降低空调运行负荷，典型的如空调系统在过渡季节的全新风运行。对于完全依靠自然通风系统进行降温的建筑，其使用效果则取决于很多因素，建筑的得热量是其中的一个重要因素，得热量越大，通过降温达到室内舒适要求的可能性越小。现在的研究结果表明，完全依靠自然通风降温的建筑，其室内的得热量最好不要超过 40W/m^2。

2）建筑环境的要求

应用自然通风降温措施后，建筑室内环境在很大程度上依靠室外环境进行调节，除了空气的温、湿度参数外，室内的空气品质和噪声控制也将被室外环境破坏。根据目前的一些标准要求，采用自然通风的建筑，其建筑外的噪声不应该超过 70dB；尤其在窗户开启的时候，应该保证室内周边地带的噪声不超过 55dB。同时，自然通风进风口的室外空气质量应该满足有关卫生要求。

3）建筑条件的限制

应用自然通风的建筑，在建筑设计上应该参考以上两点要求，充分发挥自然通风的优势。具体的建议如表 6-1 所示。

表 6-1　使用自然通风时的建筑条件

建筑位置	周围是否有交通干道、铁路等	一般认为，建筑的立面应该离开交通干道 20m，以避免进风空气的污染或噪声干扰；或者，在设计通风系统时，将靠近交通干道的地方作为通风的排风侧
	地区的主导风向与风速	根据当地的主导风向与风速确定自然通风系统的设计，特别注意建筑是否处于周围污染空气的下游
	周围环境	由于城市环境与乡村环境不同，对建筑通风系统的影响也不同，特别是建筑周围的其他建筑或障碍物将影响建筑周围的风向和风速、采光和噪声等
建筑形状	形状	建筑的宽度直接影响自然通风的形式和效果。宽度不超过 10m 的建筑可以使用单侧通风方法；宽度不超过 15m 的建筑可以使用双侧通风方法；否则，将需要其他辅助措施，如烟囱结构或机械通风与自然通风的混合模式等
	建筑朝向	为了充分利用风压作用，系统的进风口应该面对建筑周围的主导风向。同时建筑的朝向还涉及减少得热措施的选择
	开窗面积	系统进风侧外墙的窗墙比应该兼顾自然采光和日射得热的控制，一般为 30%～50%
	建筑结构形式	建筑结构可以是轻型、中型或重型结构。对于中型或重型结构，由于其热惰性比较大，可以结合晚间通风等技术措施改善自然通风系统的运行效果

续表

建筑内部设计	层高	比较大的层高有助于利用室内热负荷形成的热压，加强自然通风
	室内分隔	室内分隔的形式直接影响通风气流的组织和通风量
	建筑内竖直通道或风管	可以利用竖直通道产生的烟囱效应有效组织自然通风
室内人员	室内人员密度和设备、照明得热量的影响	对于建筑得热量超过 40W/m^2 的建筑，可以根据建筑内热源的种类和分布情况，在适当的区域分别设置自然通风系统和机械制冷系统
	工作时间	工作时间将影响其他辅助技术的选择（如晚间通风系统）

4）室外空气湿度的影响

应用自然通风对降低室内空气温度的效果明显，但对调节或控制室内空气湿度的效果甚微。因此，自然通风措施一般不能在非常潮湿的地区使用。

6.1.2　机械通风

机械通风分为局部通风和全面通风。

国外的建筑通风也有一个从单纯的温度调节到空气环境品质综合改善的过程。国外的发展还有一个曲折，起初建筑的通风量都很大，但随着能源危机的影响，为了节约能源，在公共建筑的空调通风系统中增加回风量，降低新风量装置，很快又出现严重的建筑室内空气质量问题，问题暴露以后，人们又重新修订新风量的标准，这样，欧美国家的建筑才改善了建筑通风效果。即便是现在，在可持续发展和健康问题上的争议还是没有消除。除了单体单户低层住宅建筑以外，国外的多层和高层集中住宅都依赖机械通风。这与我国的情况形成鲜明对比，国内的高层公寓基本上还是靠自然通风。至于各家各户自行安装的空调产品，也大多没有通风功能，只能调节室内空气温度和湿度。

随着建筑材料的进步，建筑节能技术水平和建筑规范的提高，建筑围护结构的密闭性越来越好，这也让室内空气环境品质越来越需要机械通风。在北欧、北美的建筑中大量采用机械通风。

当然，在能够做自然通风的时候还是以自然通风为重。在必要的时候，比如基于城市发展的密度、季节转换等原因，还是需要机械通风。

中国建筑能耗总量大、比例高、能效低、污染重，已经成为影响可持续发展的重大问题。可以通过既有建筑的节能改造、新建建筑按节能标准进行建设和设计，以及发展建筑节能产业等方式开展建筑节能。其中的一个还未被认识到的重点是建筑通风能耗的节能，其原理是在保证建筑物内引入必需的新鲜空气的同时回收排出室外的空气中的大部分热能，其核心技术是空气－空气热交换机，现在的回收能力是 70%以上，也就是说可以节约建筑取暖制冷能耗 20%以上，假设全国所有的建筑都采用这样的节能换气系统，仅空调一项，每年就能节约用电 567 亿千瓦 • 时，相当于节约三峡一年半的发电量（以 2004 年发电水平计），节省 3000 万吨原煤。冬季采暖的节能效果更要大一个数量级。

空气是人健康生活乃至生命的第一要素，为了保持室内空气健康，我们需要引入室外新鲜空气，排出室内污浊空气。简单的办法就是开窗通风换气，这样做的后果是室内空气热量（夏季是冷量）的迅速大量散失，同时会带来其他不良后果，如室外灰尘、室外噪声等。关闭门窗固然可以节约建筑能耗，但是又与健康呼吸发生矛盾，这是一个多年来没有解决的两难问题。通过人工季节通风，在室内外空气交换的时候通过空气－空气热交换机回收室内空气热能，同时实现室内空气清新是一个两全其美的方案。

需要确定的通风量：消除余热所需的通风量；消除余湿所需的通风量；消除有害气体所需的通风量。

机械通风系统除用于消除室内产生的余热、余湿和有害物以外，还需要在发生事故时做事故处理通风用。

完整的机械通风系统包括室内送排风口（排风罩）、风道、风机、室外进排风装置（如果产生粉尘和有害物质，还有除尘设备和吸收设备）。

6.2 通风系统常用设备及构件

自然通风的设备装置比较简单，只需要进、排风窗以及附属的开关装置。其他各种通风方式中，除利用管道输送空气以及风机造成空气流通的作用力外，一般还包括室内送、排风口，室外进、排风装置，局部吸风罩，进、排风处理装置等设备。

6.2.1 室内送、排风口

室内送风口是送风系统中的风道末端装置。由送风道输送来的空气通过送风口以适当的速度分配到各个指定的送风地点。送风口及空气分布器的类型很多，构造和性能可查阅《采暖通风国家标准图集》。图 6-3 是构造最简单的两种送风口，风门直接开设在风道上，用于侧向或下向送风。图 6-3（a）是风管侧送风口；图 6-3（b）是插板式风口，这种风口可调节风量。

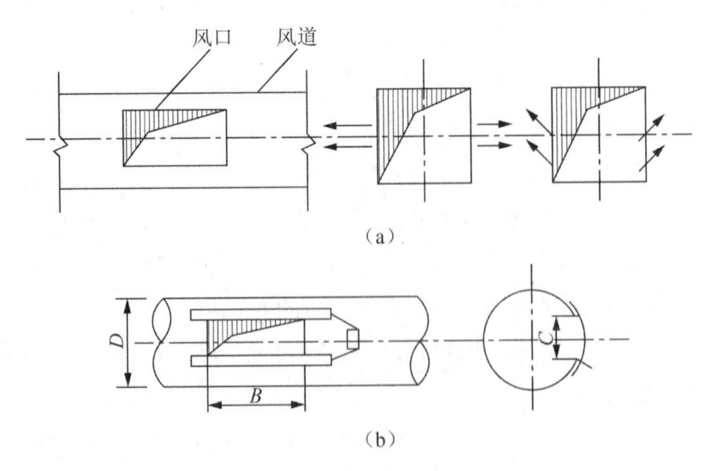

图 6-3　两种最简单的送风口

图6-4是常用的百叶送风口，可以安装在风管上，也可以安装在墙上。其中，双层百叶式风口不仅可以调节出风口气流速度，而且可以调节气流角度。

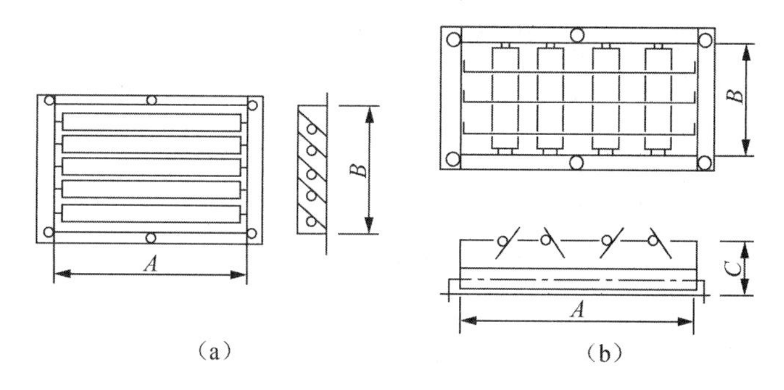

图6-4　百叶送风口

室内排风口是全面排风系统的一个组成部分，室内被污染的空气由排风口进入排风管道。排风口的种类较少，通常采用单层百叶风口作为排风口。

6.2.2　风道

下面介绍制作风道的材料、风管的形式以及风道的布置。

1. 制作风道的材料

一般工业通风系统常使用薄钢板制作风道，有时也采用铝板或不锈钢板制作；输送腐蚀性气体的通风系统，往往采用硬质聚氯乙烯塑料板或玻璃钢制作；埋在地坪下的风道，通常用混凝土板做底层，两边砌砖，内表面抹光，上面再用预制的钢筋混凝土板做顶板，若地下水位较高，还需做防水层。

2. 风管的形式

风管的形式很多，一般采用圆形或矩形风管。圆形风管强度大、耗材少，但加工工艺复杂，占用空间大，不易布置得美观，常用于暗装。一般圆形风管 D=100～2000mm。矩形风管易布置，弯头及三通等部件的尺寸较圆形风管的部件小，且容易加工，因而使用较为普遍。矩形风管的宽高之比不宜大于3，矩形风管 $A \times B$=120mm×120mm～2000mm×1250mm。

3. 风道的布置

风道的布置应服从整个通风系统的布局，在确定送风口、排风口、风机的位置后进行，并与土建、生产工艺和给排水等专业互相协调、配合。风道布置应尽量避免穿越沉降缝、伸缩缝和防火墙等，对于埋地风道应尽量避开建筑物基础及生产设备基础。风道布置时应力求缩短风道的长度，但不能影响生产过程或与各种工艺设备相冲突，并尽可能布置得美观。

在有些情况下，可以把风道和建筑物本身的构造结合起来，如在居民住宅和公共建筑中，垂直砖砌的风道常砌筑在建筑物的墙体内，但为避免结露和影响自然通风的作用压力，一般不允许设在建筑物的外墙中，而应该设在内墙中。相邻的两个排风道或进风道的间距不能小于 1/2 砖；排风与进风竖风道的间距不小于 1 砖。如果墙壁较薄时，应设贴附风道，如图 6-5 所示。当贴附风道沿外墙内侧布置时，需在风道壁与墙壁之间留 40mm 宽的空气保温层。

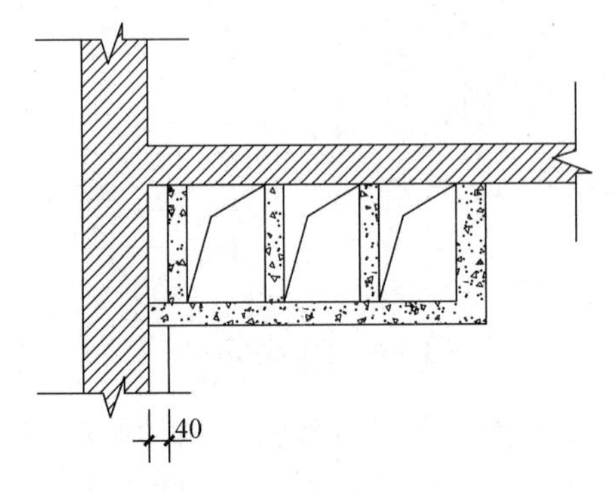

图 6-5 贴附风道

工业通风系统在地面以上的风道通常采用明装，风道用支架支承，沿墙壁及柱子敷设，或者用吊架吊在楼板或桁架的下面。

6.2.3 室外进、排风装置

1. 室外进风装置

机械送风系统和管道式自然通风系统的室外进风装置应设在室外空气比较清洁的地方，在水平和垂直方向上都要尽量避开污染源。

室外进风装置的进风口是通风系统采集新鲜空气的入口。根据建筑设计要求的不同，室外进风装置可以设置在地面上，也可以设置在屋顶上。图 6-6 是设置在地面上的进风装置构造示意图，其室外进风装置在图 6-6（a）中是贴附在建筑物的外墙上；在图 6-6（b）中是做成离开建筑物而相对独立的构造物；在图 6-6（c）中是设置在外墙壁上的进风装置。

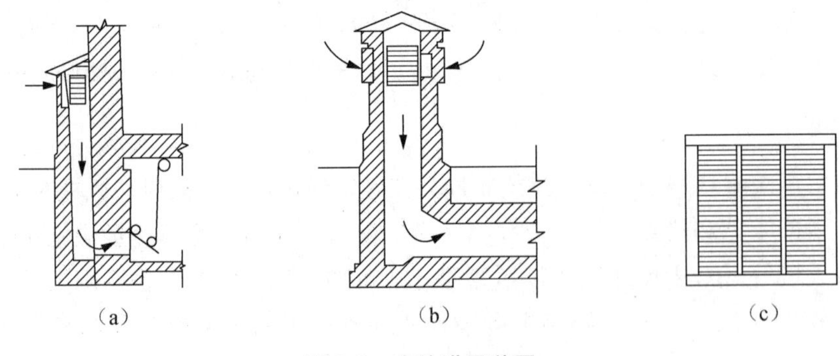

图 6-6 室外进风装置

室外进风装置设置在地面时，其进风口底部距室外地坪高度不宜小于 2.0m；当布置在绿化地带时，不宜低于 1m。进风口应设置百叶窗，避免吸入地面的粉尘和污物，同时还可避免雨、雪的侵入。进风装置设置在屋顶上时，进风口应高出屋面0.5～1.0m，以免吸入屋面上的灰尘和冬季被雪堵塞。

机械送风系统的进风室常设置在建筑物的地下室或底层。在工业厂房里为减少占地面积，也可设置在平台上。

2. 室外排风装置

室内被污染的空气由室内排风口、排风管通过室外排风装置直接排至室外。

室外排风装置的排风口一般设置在屋顶，如图6-7所示。为保证排风效果，往往在排风口上加设一个风帽或百叶风口。若从屋顶排风不便时，也可以从侧墙上排出。一般而言，排风口应高出屋面1.0m以上。若附近没有进风装置，则应比进风口至少高出2.0m。

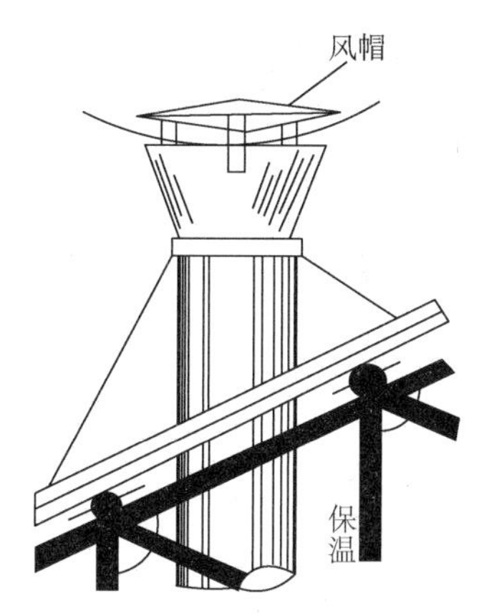

图6-7　室外排风装置

6.2.4　风机

风机为通风系统中的空气流动提供动力，它可分为离心式风机和轴流式风机两种类型。制造风机的材料可以是全钢、塑料和玻璃钢。全钢适合输送空气一类性质的气体，塑料和玻璃钢适合输送具有腐蚀性质的各类废气。当输送具有爆炸危险的气体时，还可以用异种金属分别制成机壳和叶轮，以确保当叶轮和机壳摩擦时无任何火花产生，这类风机称为防爆风机。

1. 离心式风机

离心式风机主要由叶轮、机轴、机壳、集流器（吸气口）、排气口等组成，其叶轮的转动由电动机通过机轴带动。如图6-8所示，离心式风机的进风口与出风口方向成90°角，进风口可以是单侧吸入，也可以是双侧吸入，但出风口只有一个。

离心式风机工作时，叶片间的空气随叶轮旋转获得离心力，从叶轮中心高速抛出，压入蜗形机壳中，并随机壳断面的逐渐增大，气流动压减小、静压增大，最后以较高的压力从风机排气口流出。因叶片间的空气被高速抛出，叶轮中心形成负压，从而再把风机外的空气吸入叶轮，由此形成连续的空气流动。离心式通风机的用途及代号如表6-2所示。

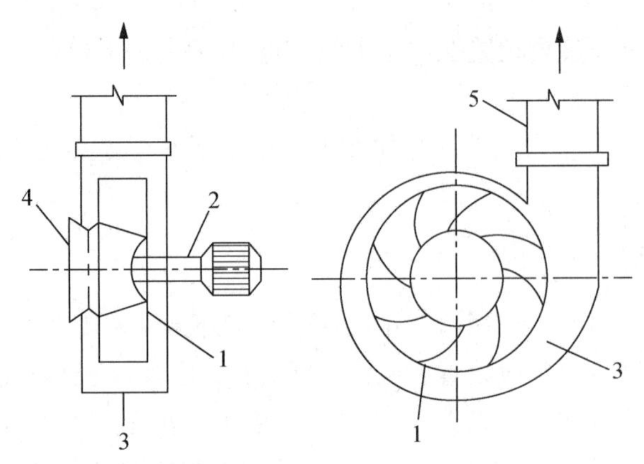

1—叶轮；2—机轴；3—机壳；4—吸气口；5—排气口

图 6-8 离心式风机构造示意图

表 6-2 离心式通风机的用途及代号

用　途	代　号	用　途	代　号
排尘通风	C	矿井通风	K
输送煤粉	M	电站锅炉引风	Y
防腐	F	电站锅炉供风	G
工业炉吹风	L	冷却塔通风	LE
耐高温	W	一般通风换气	T
防爆炸	B	特殊风机	TE

离心式通风机进风口的形式及代号如表 6-3 所示。

表 6-3 离心式通风机进风口的形式及代号

进风形式	双侧吸入	单侧吸入	二级串联吸入
代号	0	1	2

2. 轴流式风机

轴流式风机的叶轮安装在圆筒形的机壳内，当叶轮在电动机带动下旋转时，空气从吸风口进入，轴向流过叶轮和扩压管，静压升高，最后从排气口流出。轴流式风机的结构比较简单，能够提供的风压较低，一般用于阻力较小的通风换气系统。图 6-9 所示为轴流式风机构造示意图。

3. 风机的主要性能参数

风机的主要性能参数如下。

（1）风量 L：表明风机在标准状态下单位时间输送的空气量（m^3/h）。

（2）全压 P：表明在标准状态下 $1m^3$ 空气通过风机后所获得的动压和静压之和（Pa 或 kPa）。

（3）轴功率 N：电动机加在风机轴上的功率（kW）。

（4）有效功率 N：空气通过风机后实际得到的功率（kW）。

（5）转速 n：叶轮每分钟旋转的转数（r/min）。

（6）效率 η：风机有效功率与轴功率的比值（%）。

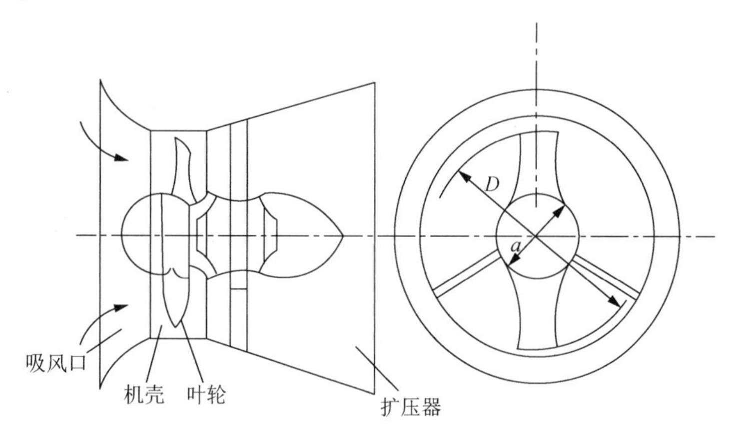

图 6-9　轴流式风机构造示意图

4. 风机的安装

轴流式风机通常安装在风管中间或者墙洞中。风机可以固定在墙上、柱上或混凝土楼板下面。图 6-10 是风机安装在墙上的示意图。小型直联传动的离心式风机可以用支架安装在墙上、柱上及平台上，或者通过地脚螺栓安装在混凝土基础上或型钢基础上。大、中型皮带传动的离心风机一般安装在混凝土基础上。风机运转时将产生噪声和振动，当对隔振有特殊要求时，应在风机基础下面设置隔振器或隔振垫。

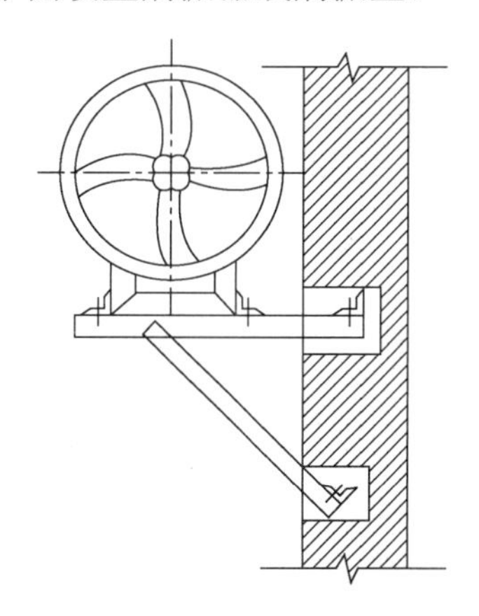

图 6-10　轴流式风机安装在墙上的示意图

6.2.5　旋风除尘器

旋风除尘器（简称旋风器）与其他除尘器相比，具有结构简单、造价便宜、维护管理方便以及适用面宽等特点。旋风器适用于工业炉窑烟气除尘和工厂通风除尘，工业气力输送系统气固两相分离与物料气力烘干回收。高性能的旋风器对于输送、破碎、卸料、包装、清扫等工业生产过程产生的含尘气体除尘效率可以达到95%～98%，对于燃煤炉窑产生的烟尘除尘效率可以达到92%～95%。旋风器亦可以作为高浓度除尘系统的预除尘器，与其他类型的高效除尘器合用。旋风器具有可以适用于高温高压含尘气体除尘的特点。

旋风器的类型有切流反转式、轴流反转式、直流式等。工厂通风除尘使用的主要是切流反转式旋风器。

1. 旋风器的结构

旋风器的基本结构如图6-11所示，含尘气体通过进口起旋器产生旋转气流，粉尘在离心力作用下脱离气流和筒锥体边壁运动，到达壁附近的粉尘在气流的作用下进入收尘灰斗，去除了粉尘的气体汇向轴心区域由排气芯管排出。

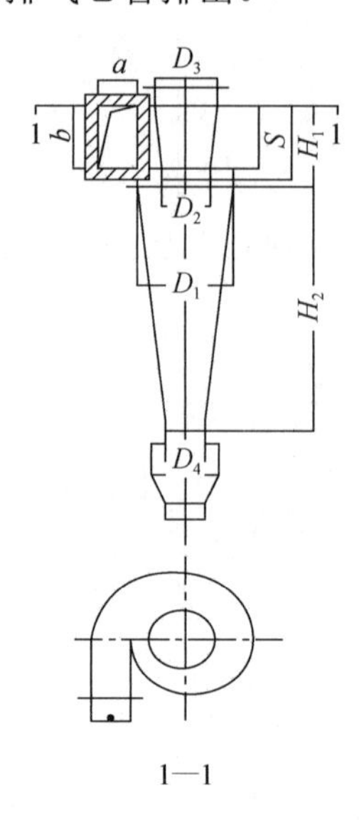

图6-11　旋风器结构示意图

2. 结构改进措施

旋风器在长期使用中，为了达到低阻高效性能，其结构不断进行改进，改进措施主要有以下几种。

（1）进气通道由切向进气改为回转通道进气，通过改变含尘气体的浓度分布，减少短路流排尘量。回转通道在90°左右时阻力较小。

（2）把传统的单进口改为多进口，有效地改进旋转流气流偏心，同时旋风器阻力显著下降。

（3）在筒锥体上加排尘通道，防止到达壁面的粉尘二次返混。

（4）锥体下部装有二次分离装置（反射屏或中间小灰斗），防止收尘二次返混。

（5）排气芯管上部加装二次分离器，利用排气强旋转流进行微细粉尘的二次分离，对捕集短路粉尘极为有效。

（6）在筒锥体分离空间加装减阻件降阻等。

3. 旋风除尘器组合技术

处理气体量较大时，可以采用多个旋风器单体进行并联组合。

（1）多筒组合：多筒组合可以采用分支并联和环状并联方式[如图 6-12（a）所示]。组合技术的关键在于含尘气流分配的均匀性和防止气流串流。分支并联一般采用双旋风器、四旋风器方式。当处理气体量较大时，也可以采用母管分支并联方式。分支旋风器一般采用蜗壳排气方式。

（2）多管组合：多管组合可以采用数十个旋风子（小尺寸旋风器）进行箱式并联安装。旋风子在进气箱体中可以采用顺排并联或错排并联，采用惯性沉降——旋风子两级一体复合除尘[如图 6-12（b）所示]，含尘气流分配的均匀性可以通过调整旋风子进气口角度、排气芯管长度、进气空间高度、旋风子间距等措施实现。

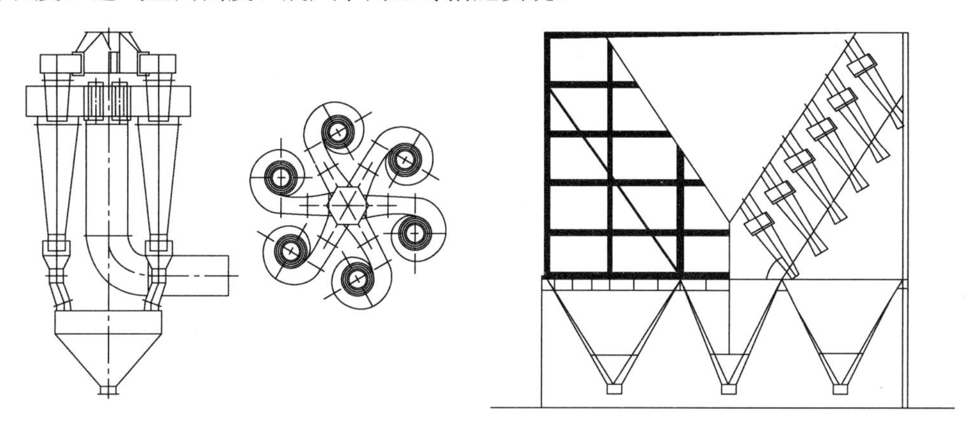

（a）多筒组合并联方式　　（b）多管组合并联方式

图 6-12　旋风除尘器组合技术

4. 旋风器的使用

旋风器单体直径一般控制在 200～1000mm，特殊情况下可以超过 1000mm。旋风器单体安装角度应不小于 45°，宜大于粉尘的流动角，对于气体量负荷变化较大的系统尤其要注意。

旋风器单体组合应注意含尘气流的均匀性分配和增加防止气流串流的技术措施。旋风器组合空间的进气区、灰斗区、排气区应严格分开，连接处不得漏风。

对旋风器性能影响较大的因素是运行管理不善造成的灰斗漏风和排灰不及时造成的锥体下部堵管。它不仅影响除尘效率，还会加剧旋风器筒锥体磨损，影响使用寿命。

根据使用条件可以选用不同材料制作旋风器，如钢板、有机塑料板、玻璃钢等，铸铁、铸钢浇筑，陶土、石英砂、白刚玉烧制；也可以采用矾土水泥骨料、灰绿岩铸石等材料做钢制件的耐磨内衬。

在与低性能除尘器串联使用时，应将高效旋风器放在后级。在与高性能除尘器串联使用时，就将旋风器放在前级。除高浓度场合外，一般不采用同种旋风器串联使用。

5. 旋风除尘器的改进技术

1）整体结构的改变

各类旋风除尘器及其结构如图 6-13 所示。在旋风器内部的旋转气流中，颗粒物受离心力作用做径向向外（朝向筒锥壁）运动，运动速度可由颗粒物所受的离心力及气流阻力的运动方程求得。显然旋风器分离的目的就是使颗粒物尽快到达筒锥体边壁。因此，延长颗粒物在旋风器中的运动时间，在气流作用下提高颗粒物与筒锥体壁相撞的概率，可以提高旋风器除尘效率。

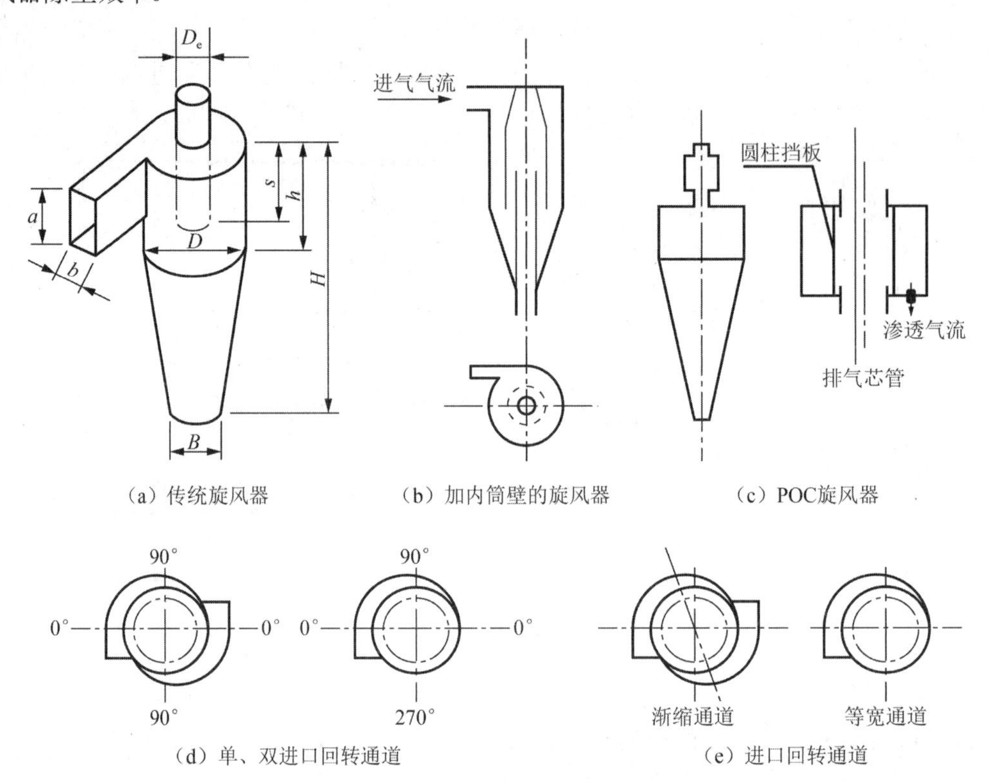

图 6-13　各类旋风器及其结构

加内筒壁的旋风器结构如图 6-13（b）所示，在普通旋风器中增加一个筒壁，这一筒壁将旋风器的内部空间划分为两个环形区域，同时，排气芯管被移到了下方，排气芯管中的上升气流也变成了下降气流，颗粒物在内外两个外环形区域都得到了分离，事实上，这种旋风分离器相当于将两个旋风子合到了一起。从理论上讲，这种改进提高了颗粒物被收集的概率。加内筒壁的旋风器的试验结果（气流流量范围为 10～40L/min，粒径范围为 0.6～8.8μm 颗粒物）与 Stairmand 旋风器的试验结果进行了比较：改进后的旋风器，除尘效率得到提高，并且随气流流量的增大而增大；同时，对于相同尺寸的旋风器来说，前者的阻力也小于后者。加内筒壁的旋风器考虑各方面因素给出相应优化综合指标得出，改进旋风器的性能优于传统的旋风器。这种改动后的旋风器较原有传统旋风器的结构稍为复杂。

2）在原有旋风器结构上增加附件

实际应用中的系统都比较庞大，采用新的旋风器替代原有旋风器，势必导致工程量和成本比较大。基于这一想法，很多研究者开始寻找不改变原有旋风器的结构，而通过增加附加部件来提高旋风性能的方法。

由于旋风器对微细颗粒物清除效率较低，尤其对 PM10（粉尘粒径小于 10μm 的颗粒物）的除尘效率随着颗粒直径减小逐渐降低。也就是说，在旋风器的运行过程中，绝大部分微细粉尘穿透了分离区域，导致对微细粉尘效率下降。A. Plomp（1996）提出了加装二次分离附件的一种旋风器，如图 6-13（c）所示。二次分离附件设置在旋风器本体顶部，被称为 POC。

POC 二次分离作用是利用排气芯管强旋流作用使微细粉尘受离心力作用向边壁运动，并与挡板相撞后，通过缝隙 1 掉入挡板下部的壳体中，另一部分即使在一开始没有与边壁相撞，但由于始终受到离心力的作用，在到达 POC 顶部时，其中也有很大一部分通过缝隙而进入挡板与壳体之间的空间，随后由于 POC 中的主气流约 10%通过缝隙形成渗透流，在渗透流的推动下，颗粒物被吹出壳体。

为了使该种旋风器得到更好的应用，并使 POC 在已有旋风分离器上加装设计最优化，考虑到紊流扩散等因素对 POC 的影响，对一些变量在不同参数范围内给出了两种不同的旋风器，加 POC 组合的一些试验结果，并对 POC 模型利用 CFD 进行了计算，所有试验均在实际生产中投入运行的除尘系统中进行。

研究结果得知，在特定结构尺寸和运行条件下，总效率比改进前提高了 2%～20%；POC 的阻力约为旋风器本体的 10%，该阻力与渗透气流量无关（在所给参数范围内）；对于直径较大的旋风器，尤其在原旋风器性能不是很高的情况下，加装 POC 的办法对于提高旋风分离的性能很有效。POC 装置对 3μm 以上的粉尘分离很有效，对 3μm 以下的粉尘分离效果不显著；渗透流量及 POC 装置的离心力对 POC 的性能影响显著；采用穿孔内挡板可提高分离效率。

这种改进方法的特点在于：增加的能耗小，保养及维修简单，对于已投入使用的分离系统工程改造方便，成本较低。

3）局部结构改进

许多研究者通过旋风器内部气流流动研究认为：旋风器气流速度分布在径向上呈轴不对称或出现偏心。尤其在锥体下部靠近排尘口附近，有明显的“偏心”；排气管下口附近，径向气流速度较大，有“短路”现象。气流偏心或短路不利于粉尘分离。

（1）改变进口结构。

针对旋风器内气流轴不对称问题，将其进口由单进口改为双进口，通过双进口旋风器内流场试验研究表明，双进口旋风器流场的轴对称性优于单进口旋风除尘器，双进口旋风器涡核变形小；双进口旋风器内切向速度高于单进口约 6%，在准自由涡区衰减也慢；双进口旋风器排气芯管短路流少于单进口。双进口旋风器比单进口旋风器有利于提高除尘效率和降低设备阻力。

针对短路流携尘降低除尘效率的问题，沈恒根等在进口结构中采用了回转通道，以此降低进入旋风器空间的含尘浓度梯度，并对等截面和变截面两种通道形式的气固两相分离进行了分析。指出采用合理回转角度的进口回转通道，可提高旋风除尘器的除尘效率。这种做法从结构上把旋风器的筒体、锥体两段分离变成进口通道、筒体、锥体三段分离。

（2）锥体结构改变。

锥体尺寸对用于大气采样的小型旋风器的影响情况，以颗粒大小和气流流速为变化参数，对3个具有不同下部直径锥体的旋风器进行了测试。

测定结果表明：锥体下部直径大小对旋风分离采样器的效率影响显著，但是并不显著影响不同粒径颗粒物效率之间的变化程度。当锥体下部开口部分直径大于排气芯管直径时，该锥体参数的减小，在不明显增加阻力的前提下，采样效率会随之提高；但是，由阻力测试结果还可看出，锥体下部部分直径不宜小于排气芯管直径。从理论上讲，锥体下部直径减小能引起切向速度的提高，从而离心力增大；对于具有相同筒体直径的旋风器，若锥体开口小，则最大切向速度靠近锥壁，这使得颗粒能够更好地分离，同时，如果锥体开口较小，涡流将触及锥壁，使颗粒又有可能重新进入出气气流，但是后者与前者相比，对旋风采样器影响较小。总之，适当减小锥体下部直径有利于效率的提高。

选用合适的方法对旋风分离器的结构形式进行改进，可以提高旋风器的技术性能。对于改进旋风器应用于工业通风除尘，为了达到更好的效果，还需要做到设计方法明确、应用前通过试验验证和应用中的配套技术完善。

6.2.6 吸收设备

常用的吸收设备包括吸收塔、活性炭吸附器。

原理：利用一些溶液表面对气体的吸收作用来去除这种气体。

逆流填料塔原理：吸收剂从塔的上部喷淋，加湿填料，气体沿填料间隙上升，与填料表面的液膜接触而被吸收，具体如图6-14所示。

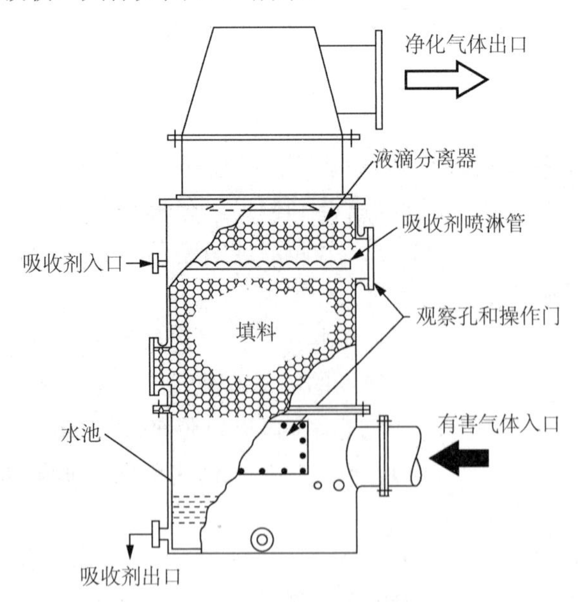

图6-14　典型的逆流填料吸收塔

6.3 空调建筑的防火防排烟

防火与防排烟设计是建筑设计中非常重要的组成部分，由暖通专业所承担的防火设计部分是针对空调和通风系统自身而言的，目的是阻止火势通过空调和通风系统蔓延，其所承担的防排烟设计是针对整个建筑的，目的是将火灾产生的烟气在着火处就地予以排出，防止烟气扩散到其他防烟分区中，从而保证建筑物内人员的安全疏散和火灾的顺利扑救。

在建筑设计中，防火分区与防烟分区的划分是极其重要的。建筑设计时，将建筑平面和空间划分为若干个防火分区与防烟分区，一旦起火，可将火势控制在起火分区并加以扑灭，同时，对防烟分区进行隔断以控制烟气的流动和蔓延。在进行防火与防排烟设计时，首先要了解建筑的防火分区与防烟分区情况。

本小节重点研究高层建筑的防火与防排烟设计，高层建筑的防火与防排烟设计应按照我国颁布的《建筑设计防火规范》（以下简称《规范》）执行，并应符合现行的有关国家标准的规定。

（1）防火分区。防火分区的划分通常由建筑专业在建筑构造设计阶段完成。防火分区之间用防火墙、防火卷帘和耐火楼板进行隔断，每个防火分区允许最大建筑面积应按《规范》确定，如表 6-4 所示。

表 6-4 每个防火分区允许最大建筑面积

建筑类别	每个防火分区允许最大建筑面积（m^2）	备 注
一类建筑	1000	设有自动灭火系统时，面积可增加 1 倍
二类建筑	1500	设有自动灭火系统时，面积可增加 1 倍
地下室	500	设有自动灭火系统时，面积可增加 1 倍
商业营业厅、展览厅等	4000（地上）、 2000（地下）	设有火灾自动报警系统和自动灭火系统，且采用不燃烧或难燃烧材料装修
裙房	2500	高层建筑与裙房之间设有防火墙等防火设施；设有自动喷水灭火系统时，面积可增加 1 倍

高层建筑通常竖向以每层划分防火分区，以楼板作为隔断。当建筑内设有上下层相连通的走廊、自动扶梯等开口部位时，应把连通部分作为一个防火分区考虑，其面积按表 6-4 确定。

（2）防烟分区。虽然防烟分区的划分通常也由建筑专业在建筑构造设计阶段完成，但由于防烟分区与暖通专业的防排烟设计关系紧密，设计者可根据防排烟设计方案提出意见。防烟分区应在防火分区内划分，之间用隔墙、挡烟垂壁等进行分隔，每个防烟分区建筑面积不宜超过 $500m^2$。

6.3.1 空调与通风系统的防火设计

空调和通风系统的风管是火势蔓延的途径之一。因此，在系统设计时应注意以下几点。

（1）空调和通风系统，横向应按每个防火分区设置，竖向不宜超过五层，当排风管道设有防止回流设施且各层设有自动灭火系统时，其进风和排风管道可不受此限制。

（2）为增强防火能力，垂直风管应设在管井内。

（3）厨房、浴室、厕所等的垂直排风管道，应采取防止回流的措施或在支管上设置防火阀。根据国内工程的实际做法，排风管道防止回流的措施有以下四种。

- 加高各层垂直排风管的长度，使各层的排风管道穿过两层楼板，在第三层内接入总排风管道，如图 6-15（a）所示。
- 将浴室、卫生间、厕所内的排风竖管分成大小两个管道，大管为总管，直通屋面；而每间浴室、卫生间的排风支管则分别在本层上部接入总排风管，如图 6-15（b）所示。
- 将支管顺气流方向插入排风竖管内，且使支管到支管出口的高度不小于 600m，如图 6-15（c）所示。
- 在排风支管上设置密闭性较强的止回阀。

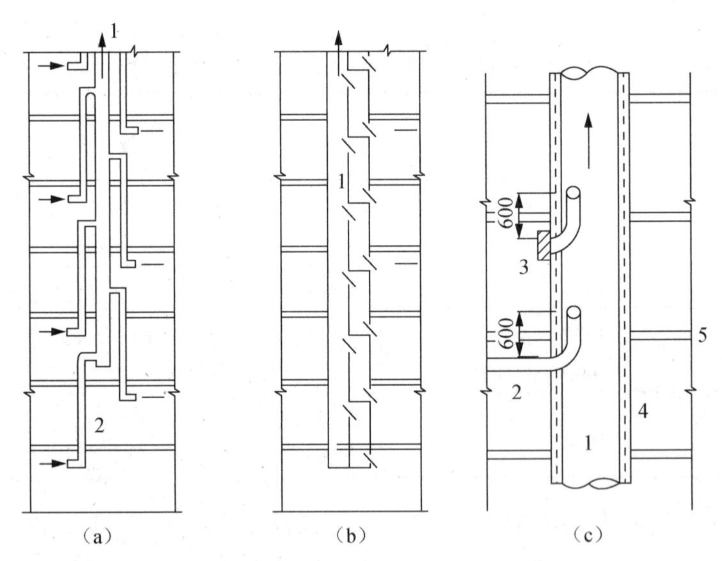

1—排风总管；2—排风支管；3—入口格栅；4—非燃体管井；5—楼板

图 6-15 排风管道防止回流的管道接法

（4）空调通风系统的下列部位应设置防火阀（防火阀的动作温度宜为 70℃）。

- 管道穿越防火分区的隔墙处。
- 管道穿越空调系统或通风系统机房。
- 管道穿越重要的或火灾危险性大的房间（如贵宾休息室、多功能厅、大会议室、易燃物质试验室、储存量较大的可燃物品库房及贵重物品间等）的隔墙和楼板处。

◆　管道穿越变形缝处的两侧。

◆　垂直风管与每层水平风管交接处的水平管段上。

（5）空气中含有易燃、易爆物质的房间，其送、排风系统应采用相应的防爆型通风设备；当送风机设在单独隔开的通风机房内、送风干管上设有止回阀时，可采用普通型通风设备，但其空气不能循环使用。

（6）风管内设有电加热器时，风机应与电加热器连锁。电加热器前后各 800mm 范围内的风管和穿过设有火源等容易起火部位的管道，必须采用不燃保温材料。

（7）空调和通风系统的管道等，应采用不燃材料制作，但接触腐蚀性介质的风管和柔性接头，可采用难燃材料制作。

（8）管道和设备的保温材料、消声材料和黏结剂应为不燃材料或难燃材料。

6.3.2　建筑物的防/排烟设计

当高层建筑发生火灾时，内部人员的疏散方向为房间—走廊—防烟楼梯间前室—防烟楼梯间—室外，由此可知，防烟楼梯间是人员唯一的垂直疏散通道，而消防电梯是消防队员进行扑救的主要垂直运输工具。为了疏散和扑救的需要，必须确保在疏散和扑救过程中防烟楼梯间和消防电梯井内无烟，因此，应在防烟楼梯间及其前室、消防电梯间前室和两者合用前室设置防烟设施。高层建筑的可燃装修材料多，陈设及贵重物品多，且疏散困难，为保证建筑内部人员安全进入防烟楼梯间，应在走廊和房间设置排烟设施。排烟设施分为机械排烟设施和可开启外窗的自然排烟设施。另外，100m 以上的建筑物内的人员疏散比较困难，故均设有避难层或避难间，对其应设置防烟设施。

根据《高层民用建筑设计防火规范》，防烟设施应采用可开启外窗的自然排烟设施和机械加压送风的防烟设施。在进行设计时，如能满足要求，应优先考虑采用自然排烟，其次再考虑采用机械加压送风。

1. 自然排烟设施

自然排烟是利用烟气的热压或室外风压的作用，通过与防烟楼梯间及其前室、消防电梯间前室和两者合用前室相邻的阳台、凹廊或在外墙上设置便于开启的外窗或排烟窗进行无组织的排烟。其优点是：不需要专门的排烟设备；构造简单、经济；不受电源中断的影响；平时可兼做换气用。其不足之处是：因受室外风向、风速和建筑本身密闭性或热压作用的影响，排烟效果不太稳定。因此，当考虑采用自然排风时，应符合以下条件。

（1）除建筑高度超过 50m 的一类公共建筑和建筑高度超过 100m 的居住建筑外，靠外墙的防烟楼梯间及其前室、消防电梯间前室和合用前室，宜采用自然排烟方式。靠外墙的防烟楼梯间每五层内可开启外窗总面积之和不应小于 2.00m^2。防烟楼梯间前室、消防电梯间前室可开启外窗总面积之和不应小于 2.00m^2，合用前室不应小于 3.00m^2。

（2）防烟楼梯间前室或合用前室，利用敞开的阳台、凹廊或前室内不同朝向的可开启外界自然排烟时，该楼梯间可不设防烟设施。

（3）排烟窗宜设置在上方，并应有方便开启的装置。

2. 机械加压送风设施

机械加压送风是通过通风机所产生的气体流动和压力差来控制烟气的流动，即通过增加防烟楼梯间及其前室、消防电梯间前室和两者合用前室的压力以防止烟气侵入，其优缺点与自然排风相反。当没有条件采用自然排烟方式时，下列部位应设置独立的机械加压送风的防烟设施：不具备自然排烟条件的防烟楼梯间、消防电梯间前室或合用前室；采用自然排烟措施的防烟楼梯间及不具备自然排烟条件的前室；封闭避难层。

防烟楼梯间与前室或合用前室采用自然排烟方式与采用机械加压送风方式的组合有多种。其组合关系及防烟设施的设置部位如表 6-5 所示。

表 6-5　垂直疏散通道防烟部位的设置

组合关系	防烟部位
不具备自然排烟条件的防烟楼梯间与其前室	楼梯间
不具备自然排烟条件的防烟楼梯间与采用自然排烟的前室或合用前室	楼梯间
采用自然排烟的防烟楼梯间与不具备自然排烟条件的前室或合用前室	前室或合用前室
不具备自然排烟条件的防烟楼梯间与合用前室	楼梯间、合用前室
不具备自然排烟条件的消防电梯间前室	前室

1）加压送风量的确定

机械加压送风量是影响防烟设施效果的重要因素之一，对其确定时，既要考虑保持楼梯间或前室防火门未开启层的疏散通道需要有一定正压值，又要考虑着火层疏散通道相对保持该门洞处的风速。由于加压送风量确定方法的出发点不同，使得目前加压送风量的计算方法很多。现介绍国内在风量计算中使用较普遍的两个公式。

（1）保持未开启层的疏散通道需要有一定的正压值。该风量是在压差的作用下，由加压部位通过门窗缝隙渗出的数值，计算公式为

$$L_1 = 0.827A\Delta P^{l/m} \times 1.25 \times 3600 \tag{6.1}$$

式中：L_1——加压送风量，m^3/h；

0.827——漏风系数；

A——总有效漏风面积，m^2；

ΔP——加压部位与相邻空间的压力差，Pa；

l/m——压力差指数；

1.25——不严密处附加系数。

整理后可得

$$L_1=3721.5A\Delta P^{l/m}$$

（2）保持着火层疏散通道门洞处的风速，该风量是在开启门洞保持一定风速情况下，由加压部位通过门洞排出的数值，计算公式为

$$L_2=3600Fnv（1+b）/a \tag{6.2}$$

式中：L_2——加压送风量，m^3/h；

F——开启门的断面积，m^2；

n——同时开启门数量；

v——门洞风速，m/s；

a——修正系数；

b——送风管道的漏风附加率。

上述公式中的参数按以下条件确定。

正压值：楼梯间，P=50Pa；前室，P=25Pa。

开启门数量：20 层以下 n 取 2；20～32 层 n 取 3（32 层以上的送风系统要分段计算）。

门洞断面风速：v=0.7～1.2m/s。

压力差指数 l/m：门缝取 2；窗缝取 1.60。

修正系数 a：当走廊采用机械排烟时，a=0.8；当走廊采用可开启外窗自然排烟时，a=0.6。

漏风附加率 b：当采用钢板风道时，b=0.15；当采用混凝土风道时，b=0.25。

门缝宽度：当得不到实际数据时，可取疏散门，0.002～0.004m；电梯门，0.006～0.008m。四种类型标准门的漏风面积如表 6-6 所示。

表 6-6　四种类型标准门的漏风面积

门的类型	高×宽（m×m）	缝隙长度（m）	漏风面积（m^2）
开向正压间的小型单扇门	2.0×0.8	5.6	0.01
从正压间向外的小型单扇门	2.0×0.8	5.6	0.02
双扇门	2.0×1.6	9.2	0.03
电梯门	2.0×2.0	8	0.06

机械加压送风系统的总风量取 L_1 与 L_2 中的较大者。

为了避免设计者使用公式计算得到的送风量误差太大，《高层民用建筑设计防火规范》规定，计算所得数值不能小于该规范的要求，其规定的数值如表 6-7～表 6-10 所示。

表 6-7　防烟楼梯间（前室不加压）的加压送风量

系统负担层数	加压送风量（m^3/h）
<20 层	25～30000
20～32 层	35000～40000

表 6-8　防烟楼梯间及其合用前室分别加压的送风量

系统负担层数	送风部位	加压送风量（m^3/h）
<20 层	防烟楼梯间	16000～20000
	合用前室	12000～16000
20～32 层	防烟楼梯间	20000～250000
	合用前室	18000～220000

表 6-9　消防电梯间前室的加压送风量

系统负担层数	加压送风量（m^3/h）
<20 层	15000～20000
20～32 层	22000～27000

表 6-10　防烟楼梯间采用自然排烟，前室或合用前室不具备自然排烟时的加压送风量

系统负担层数	加压送风量（m^3/h）
<20 层	22000～27000
20～32 层	28000～32000

注：表 6-7～表 6-10 的风量按开启 2.0m×1.6m 的双扇门确定，当采用单扇门时，其风量可乘以 0.75 系数计算；当有两个或两个以上出入口时，其风量应乘以 1.50～1.75 系数计算。

另外，封闭避难层的机械加压送风量应按避难层净面积每平方米不小于 $30m^3/h$ 计算。而某些带裙房的高层建筑，在靠外墙的防烟楼梯间，五层内有外窗且面积达到 $2m^2$，可开启外窗进行自然排烟；对裙房有靠外墙的防烟楼梯间及其前室，消防电梯间前室与合用前室，其裙房以上部分能采用可开启外窗进行自然排烟；裙房以内部分在裙房的包围之中无外窗，不具备自然排烟条件时，可有两种防烟方式：一是不考虑自然排烟的条件，按机械加压送风要求设置机械加压送风设施，二是凡符合自然排烟条件的部位仍采用自然排烟的方式，对不具备自然排烟条件部位设置机械排烟设施。第一种方式的效果要好一些，但第二种方式简单，且也能满足要求，在设计时可优先考虑。机械排烟的风量按前室面积每平方米不小于 $60m^3/h$ 计算。

2）加压送风系统的设计要点

要使机械加压送风系统用之有效，以下几点应在设计时予以注意。

（1）剪刀楼梯间可合用一个风道，但风量应按两个楼梯间计算，送风口应分别送到两个楼梯间内。

（2）防烟楼梯间与合用前室宜分别独立设置加压送风系统，当必须共用一个系统时，应在通向合用前室的支风管上设置压差自动调节装置。

（3）楼梯间宜每隔二至三层设一个加压风口，前室的加压送风口应每层设一个。

（4）机械加压送风机的全压，除计算最不利环路管道压头损失外，尚有余压。防烟楼梯间的余压值为 50Pa，前室、合用前室、消防电梯间前室、封闭避难层的余压为 25Pa。

（5）加压送风口的风速不宜大于 7m/s。

（6）系统风道内的风速，金属材料风道内不应大于 20m/s；非金属材料风道内不应大于 15m/s。

6.3.3　排烟设施

根据《高层民用建筑设计防火规范》，排烟设施应采用可开启外窗的自然排烟设施和

机械排烟设施。在进行设计时，若能满足要求，应优先考虑采用自然排烟，其次再考虑采用机械排烟。一类高层建筑和建筑高度超过 32m 的二类高层建筑的下列部位应设排烟设施。

（1）长度超过 20m 的内走廊。

（2）面积超过 100m^2，且经常有人停留或可燃物较多的房间。

（3）高层建筑的中庭和经常有人停留或可燃物较多的地下室。

1. 自然排烟设施

当考虑走廊、房间、中庭或地下室采用自然排烟时，应符合以下条件。

（1）内走廊长度不超过 60m，且可开启外窗面积不小于该走廊面积的 2%。

（2）需要排烟的房间可开启外窗面积不小于该房间面积的 2%。

（3）中庭的净空高度小于 12m，且可开启天窗或高侧窗面积不小于该中庭地面积的 5%。

2. 机械排烟设施

机械排烟是通过降低走廊、房间、中庭或地下室的压力将着火时产生的烟气及时排出建筑物。当没有条件采用自然排烟方式时，下列部位应设置独立的机械排烟设施。

- 长度超过 60m 的内走廊，或无直接自然通风且长度超过 20m 的内走廊。
- 面积超过 100m^2，且经常有人停留或可燃物较多的地上无窗房间或设固定窗的房间。
- 不具备自然排烟条件或净空高度超过 12m 的中庭。
- 除具备自然排烟条件的房间外，各房间总面积超过 200m^2 或一个房间面积超过 50m^2，且经常有人停留或可燃物较多的地下室。

1）排烟量的确定

设置机械排烟设施的部位，其排烟量应符合下列规定。

（1）每个防烟分区或净空高度大于 6.00m 的不划分防烟分区的房间的排烟量应按防烟分区每平方米面积不小于 60m^3/h 计算。

（2）中庭体积小于 17000m^3 时，其排烟量按其体积的 6 次/h 换气计算；中庭体积大于 17000m^3 时，其排烟量按其体积的 4 次/h 换气计算；但最小排烟量不应小于 102000m^3/h。

（3）单台风机的最小排烟量不应小于 7200m^3/h。在担负两个或两个以上防烟分区排烟时，其排烟量应按最大防烟分区面积每平方米小于 120m^3/h 计算。

2）机械排烟系统的设计要点

在进行机械排烟系统设计时，以下几点应予以注意。

（1）走廊的机械排烟系统宜竖向设置，房间的机械排烟系统宜按防烟分区设置。

（2）机械排烟系统与空调、通风系统宜分开设置。若合用时，必须采取可靠的防火安全措施，并应符合排烟系统的要求。

（3）排烟口应设在顶棚上或靠近的墙面上。设在顶棚上的排烟口，距可燃构件或可燃物的距离不应小于 1.00m。排烟口平时应关闭，并应设有手动和自动开启装置。

（4）防烟分区内的排烟口距最远点的水平距离不应超过 30m。在排烟支管上应设有当烟气温度超过 280℃时能自行关闭的排烟防火阀。

（5）机械排烟系统中，当任一排烟口或排烟阀开启时，排烟风机能自行启动。

（6）设置机械排烟的地下室，应同时设置送风系统，且送风量不宜小于排烟量的50%。

（7）排烟口的风速不宜大于10m/s。

（8）系统风道内的风速。金属材料风道内不应大于 20m/s，非金属材料风道内不应大于15m/s。当采用轴流式风机作为排烟风机时，因该类风机压头偏低，风道内风速宜取低值。

平时开启排烟系统时，当气流温度达到280℃时，关闭防火阀；平时关闭，烟感报警联动开启排烟阀；平时开启，烟感系统联动关闭防烟阀；平时开启，受烟感报警控制，关闭防烟防火阀；平时关闭，烟感报警开启，气流温度到280℃时，关闭组合式排烟防火阀。

3）防火排烟设计的一般规定

防火排烟设计的一般规定如下。

（1）通风、空调机房、制冷机房及中央电脑管理控制室、消控中心等均应设有自动报警探测器，中央控制室还要有自动灭火装置。

（2）空调风管、冷（热）水管采暖和设备等的保温材料均应用非燃材料。

（3）风管及配件（如风口和阀门等）应用非燃材料制作，空调系统一般不许兼作火灾时的排烟系统，若确实必须兼用时，应设有安全可靠的自动切换阀门，对于一般排风系统可兼作火灾时的排烟系统，其风管、管道及设备均应满足排烟系统的要求。

（4）通风、空调机房应为独立房间，用防火墙、防火板与其他房间隔开，机房与邻近走廊或房间的门应为甲级防火门。

（5）通风空调系统采用的风机或空调器采用非燃材料制品，塑料风机及玻璃钢空调器不应采用。

（6）为抑制烟气流窜，火灾蔓延，通风空调系统的送风管、回风或新风管在穿越防火墙、防火楼板时应装设防火阀。同时风管不宜穿过防火墙和变形缝，若必须穿越时，应在穿越处设置防火阀，垂直总风管与每层水平交接处的水平管段上也应设置防火阀，与防火阀连接的风管在穿越防火墙或防火楼板处应用不小于2mm 厚的钢板制作。

（7）在空调器连接的送风与回风总管上的防火阀应设阀门关闭连锁信号，即防火调节阀关闭时可联动送风机和回风机停止运行；防火阀安装应设置单独支架，以防止风管变形时影响防火阀关闭的严密性，并在防火调节阀下设置450mm×450mm 检查孔。

（8）消声器、消声弯头的保温材料应为非燃材料，消声用材也应采用非燃材料。

（9）所有通风、空调及制冷设备的电源均应与体育建筑的自动报警灭火系统连锁，一旦某部位发生火警，通风、空调及制冷电器设备的电源应随之立即切断和停止运行。

（10）防烟分区的划分可以采用活动挡烟垂壁，挡烟垂壁一般应该设在大梁底下，比梁底低50cm 以上，这一点往往被人误解为梁底比楼板底凸出50cm 以上就要把挡烟垂壁设在梁底下，也就是说排烟口也在梁下面，梁是无法起到挡烟垂壁作用的。所以大部分情况梁高虽然在50cm 以下，但还是应该用挡烟垂壁来划分防烟分区。

（11）每个防烟分区建筑面积不宜超过500m^2，但最大的一个防烟分区面积也不要小于60m^2（因为防火规范规定排烟风机的排烟量不应小于7200m^3/h）。

（12）排风系统只能负责一个防火分区的排风时才能兼作排烟系统，即跨越防火分区的排风系统不能兼作排烟系统。

（13）排风系统兼作排烟系统时，排烟口必须单独设置，平时是关闭状态，而且每个防烟分区内必须有 1～2 个，不宜太多，排烟口开启要由烟感器自动控制，每一个防烟分区排烟口必须反映到消防控制中心，同时进行报警，排风口同时全部关闭，一般排风口不能做排烟口，除非只有一个排风口，才能做排烟口。排烟口的有效作用距离不能超过 30m。

（14）排烟口与排风口必须连锁控制，即任何一个防烟分区的排烟口打开进行排烟时，其排风系统的所有排风口必须全部关闭。

（15）排风系统的风管断面尺寸必须按每个防烟分区的排烟量及防火规定的最大流速进行校核，校核其是否满足排烟的要求。

（16）排风机的选择必须是钢板风机（离心风机）或排烟专用耐高温轴流风机。风机在 280℃时还能正常运行半小时以上。

若两台风机并联，必须是同样型号才可以，而且平时要注意维护。

（17）排风系统兼作排烟系统时，风机应尽量放置在远离失火区。

风机吸风口附近管道上要设排烟防火阀。

风道设计—空调系统服务范围：4～6 层，系统设计和防火分区相结合，尽量避免穿越防火分区和变形缝，管道井每隔 2、3 层用防火材料分隔，上下不贯通。

6.4　通风设备图的表示方法

1. 风道代号

风道代号如表 6-11 所示。

表 6-11　风道代号

代　号	风道名称
K	空调风管
S	送风管
X	新风管
H	回风管（一、二次回风可附加 1、2 区别）
P	排风管
PY	排烟管或排风、排烟共用管道

2. 系统代号

在管道系统图、原理图中，水、气管道及通风、空调管道系统图均为单线绘制。一个工程设计中同时有供暖、通风、空调等两个及以上不同的系统时，常按表 6-12 的代号对系统进行编号。

表 6-12 系统代号

序 号	字母代号	系统名称	序 号	字母代号	系统名称
1	N	（室内）供暖系统	9	X	新风系统
2	L	制冷系统	10	H	回风系统
3	R	热力系统	11	P	排风系统
4	K	空调系统	12	JS	加压送风系统
5	T	通风系统	13	PY	排风系统
6	J	净化系统	14	P（Y）	排风兼排烟系统
7	C	除尘系统	15	RS	人防送风系统
8	S	送风系统	16	RP	人防排烟系统

3. 排列顺序

一张图幅内有平、剖面图等多种图样时，平面图、剖面图、安装详图按从上至下，从左至右的顺序排列；一张图幅内有多层平面图时，往往是按建筑层次由低至高，由下至上顺序排列。

4. 绘制方法

平面图、剖面图中的水、气管道一般用单线绘制，而风管常用双线绘制。

5. 送风管转向的表示方法

送风管转向的表示方法如图 6-16 所示。

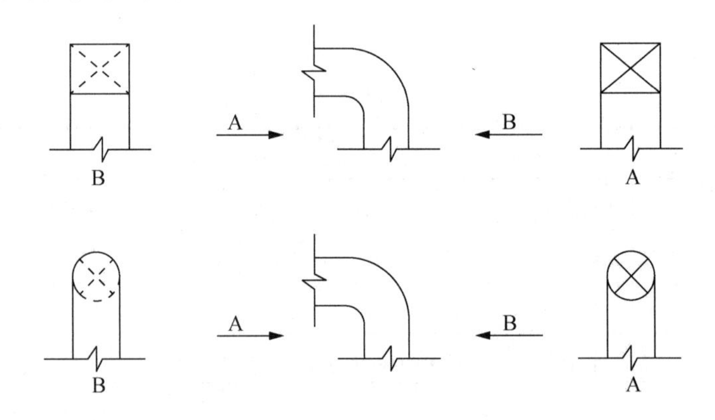

图 6-16 送风管转向的表示方法

6. 回风管转向的表示方法

回风管转向的表示方法如图 6-17 所示。

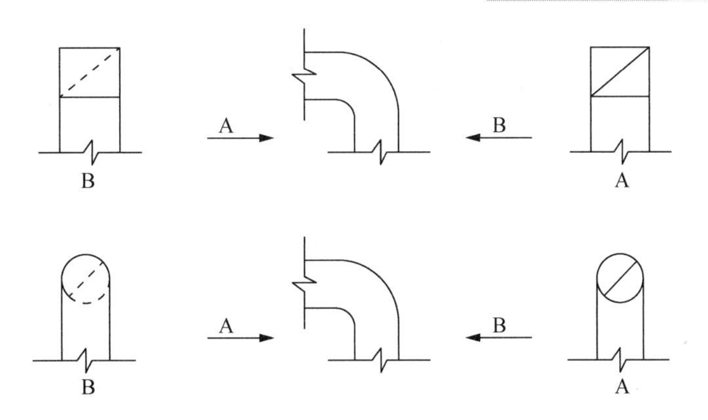

图6-17　回风管转向的表示方法

6.5　通风施工图识读

6.5.1　图例

通风空调施工图中，除详图外，其他各类图示、管道、设备等一般均采用统一图例来表示，风管图例如表6-13所示，通风管件如表6-14所示，风口如表6-15所示，通风空调阀门如表6-16所示。

表6-13　风管图例

序　号	名　称	图　例	说　明
1	风管		
2	送风管		上图为可见剖面，下图为不可见剖面
3	排风管		上图为可见剖面，下图为不可见剖面
4	砖、混凝土风道		

表 6-14 通风管件

序 号	名 称	图 例	说 明
1	异径管	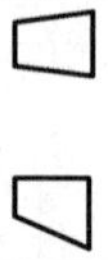	
2	异型管（天圆地方）		
3	带导流片弯头	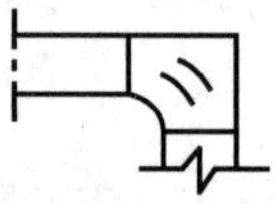	
4	消声弯头	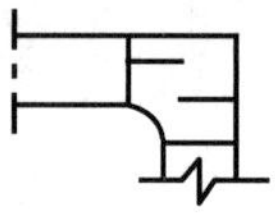	
5	风管检查孔	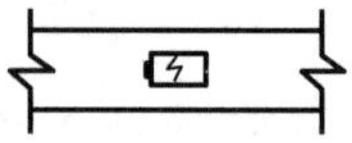	
6	风管测定孔	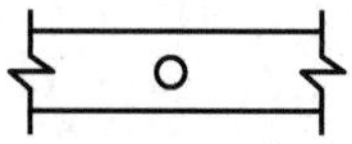	
7	柔性接头	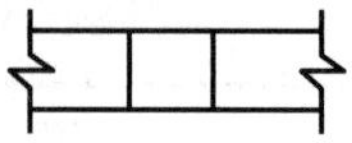	中间部分也适用于软风管
8	弯头	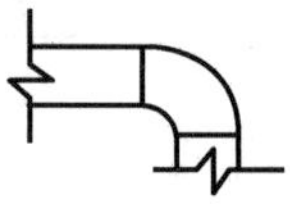	
9	圆形三通	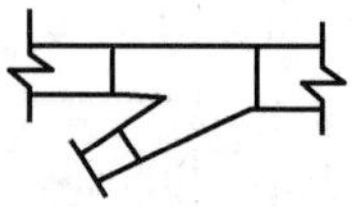	
10	矩形三通	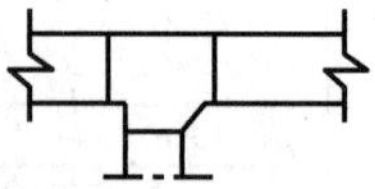	
11	伞形风帽		
12	筒形风帽	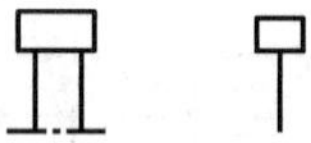	
13	锥形风帽		

表 6-15　风口

序　号	名　称	图　例	说　明
1	送风口	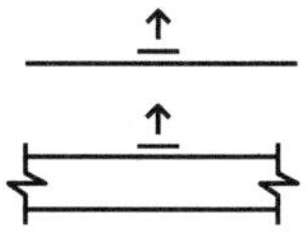	
2	回风口	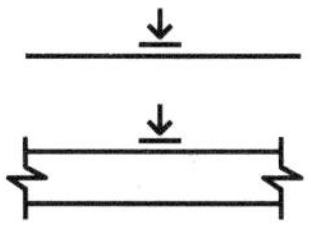	
3	圆形散流器	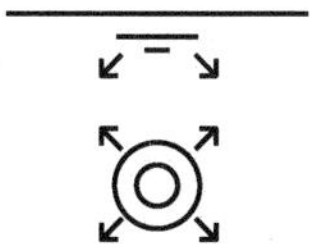	上图为剖面，下图为平面
4	方形散流器	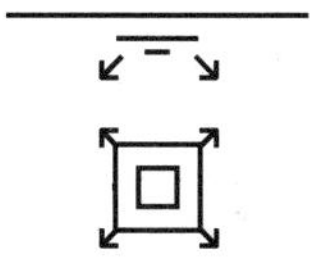	上图为剖面，下图为平面
5	百叶窗	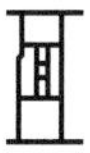	

表 6-16　通风空调阀门

序　号	名　称	图　例	说　明
1	插板阀	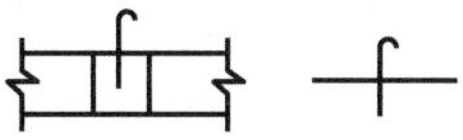	本图例也适用于斜插板
2	蝶阀	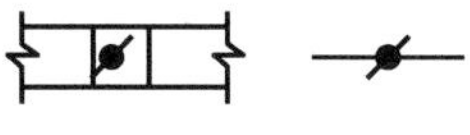	
3	对开式多叶调节阀		
4	光圈式启动调节阀	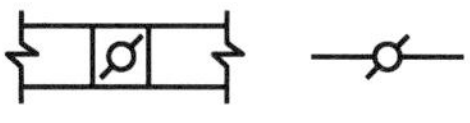	
5	风管止回阀		
6	防火阀		
7	三通调节阀	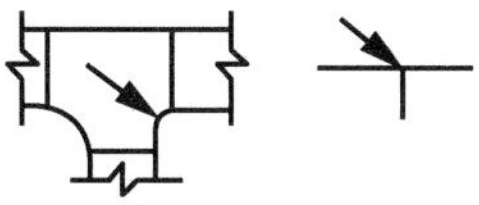	
8	电动对开多叶调节阀	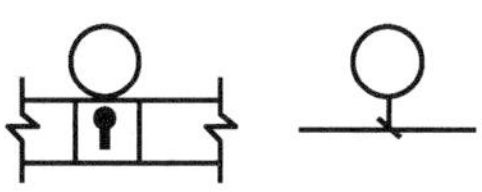	

6.5.2 通风空调施工图的组成

通风空调施工图一般由设计说明、平面图、系统图、剖面图、详图、设备及主材料表组成。

1. 设计说明

通风与空调的安装，设计说明的主要内容有：建筑物总的通风空调面积，房间高度，冷媒负荷，室外气象参数，室内设计标准，系统总冷负荷，总送风量，系统形式，送排风及水系统所需压力，管道敷设方式，防腐，保温，水压试验等。

2. 平面图

如图 6-18 所示，空调平面图上与空调通风有关的建筑部分用细实线画出。

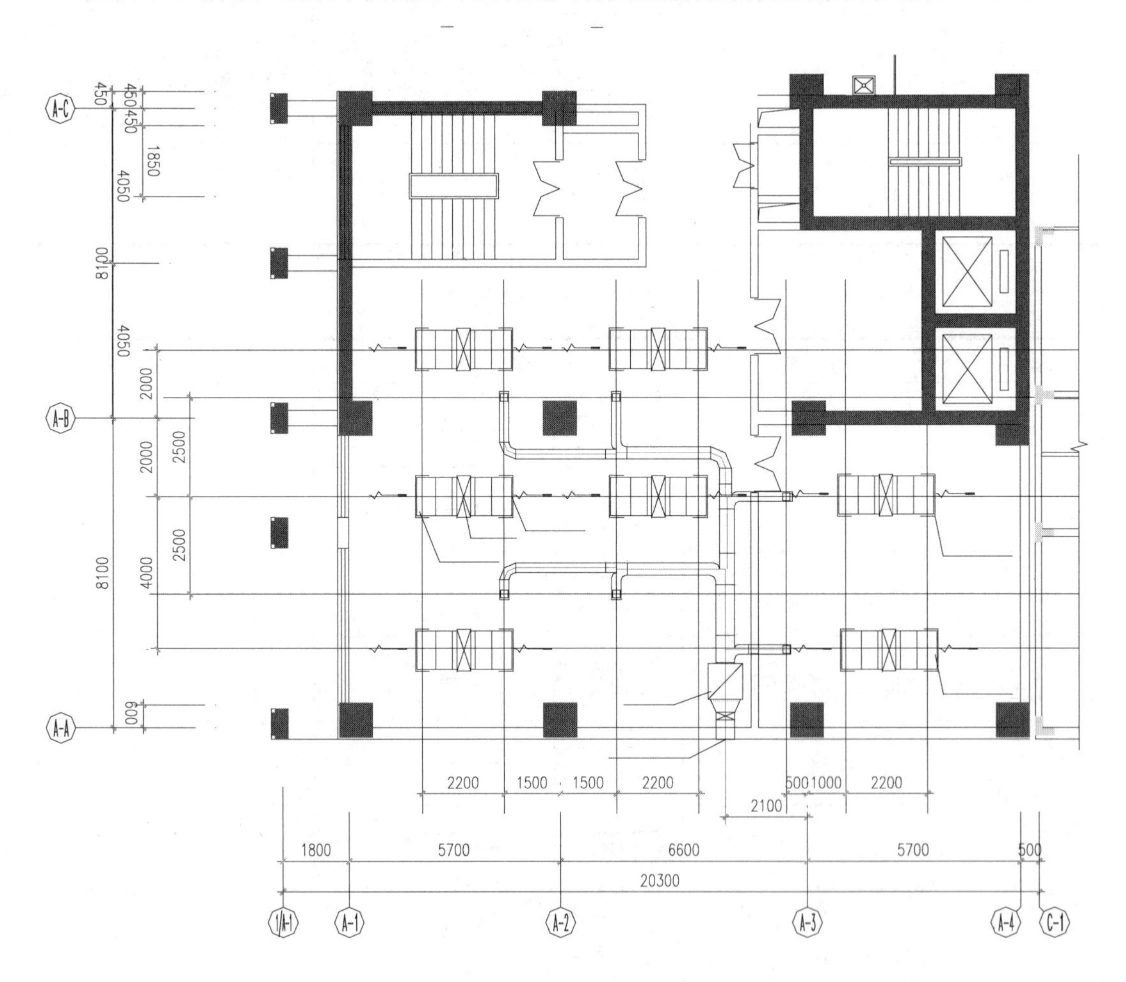

图 6-18 空调平面图

平面图上应注明建筑物轴线号，指北针，冷媒进出口位置，风机盘管，风管道，冷却水管，冷冻水管道的平面位置。

由平面图可看出以下几点。

（1）风道、风口、风机盘管、新风机组、调节阀门等设备和构件在平面图上的位置及其与房屋有关结构的距离和各部分尺寸。

（2）用图例符号注明送风口（或回风口）的空气流动方向、坡度、坡向等。

（3）风机、电机、新风机组等的形状轮廓及设备型号。

平面图的画法：由于通风管道截面较大，截面形状较多，转弯、分支及连接部位等无成品时，需按设计图纸制作。

3. 系统图

系统图上可以看到通风空调的全貌。图 6-19 所示为空调水管系统图。从图中可以看到以下几点。

（1）通风管道及水系统的来龙去脉，包括管道走向、空间位置、坡度、坡向、变径及变径位置、管道间连接方式。

（2）风管连接、送风口位置及管道安装标高。

（3）水系统的系统形式。

（4）管路中各种阀门的位置、规格。

（5）风机盘管、新风机组的型号等。

（6）详图的图号等。

4. 剖面图

标明管线及设备在垂直方向的布置及主要尺寸。

5. 详图

在平面图或剖面图中表示不清，又无法用文字说明的地方，可用详图表示。详图是局部放大的施工图，包括节点图、大样图和标准图。

节点图能清楚地表示某一部分通风空调中的详细结构和尺寸，但管道仍然用单线条表示，只是将比例放大，使人看上去更清楚。

大样图与节点图所不同的是，管道用双线图表示，看上去有真实感。

标准图是具有通用性的详图，是一般国家或地区有关部门制定的，作为国家标准或地方标准，供设计者采用。

6. 设备及主材料表

为便于施工中备料，保证施工质量，使施工单位按设计要求准备材料、选用设备，一般施工图均附有设备及主材表，尤其是设备较多时需列出设备表。

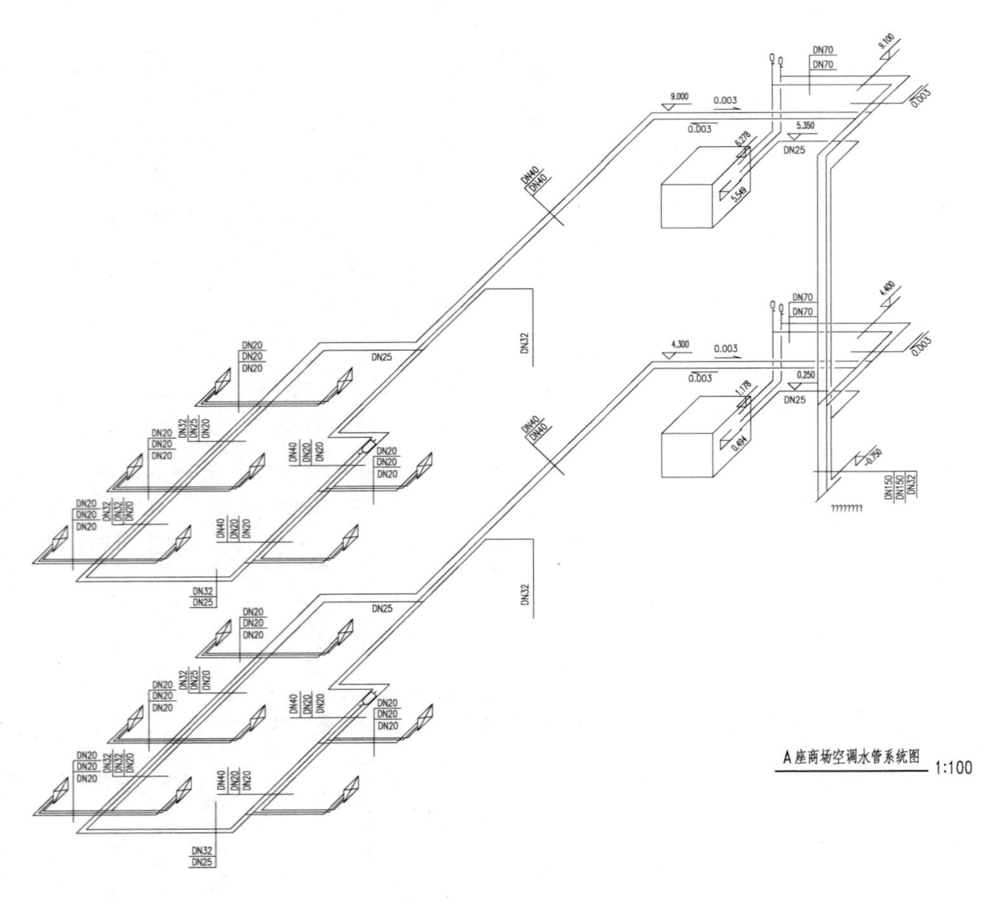

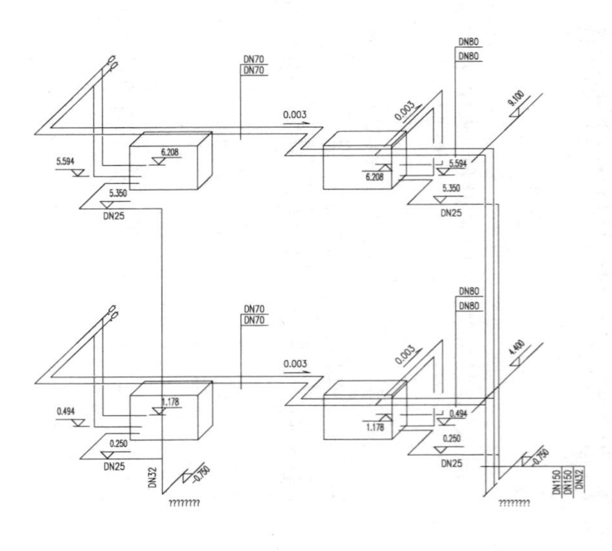

图 6-19 空调水管系统图

设备及主要材料表的内容有编号、名称、型号、规格、单位、重量、材料生产厂家、附注等。

6.5.3　识图步骤

识图步骤如下。

（1）先总体熟悉图纸，包括图的名称、比例、图号、张数、设计单位等。

（2）图纸中的方向及该建筑在总平面图上的位置。

（3）看设计说明，明确设计要求和本工程的概况。

（4）把平面图、系统图、剖面图对照起来看，搞清风系统、水系统各部分之间的关系。根据平面图、系统图所指出的节点图、标准图号，搞清各局部的构造及尺寸。

（5）看图时理清其顺序，风系统中送风系统由新风入口、回风口、空气处理室、送风管道到送风口，排风系统由排风口、排风管道、除尘设备、风机到出风口。

水系统由入口经干管、立管、支管到风机盘管、回水支管、立管、干管，再到总出口。

总之，各类图应把平面图、系统图、剖面图、详图对照起来看，弄清每条管道的方向、标高、管径、材料、阀门、集气罐等的种类、型号、规格、数量、位置，风机盘管、新风机组、风机等的型号、规格、安装方式。

此外，结合设计说明，将设计对管道、设备的防腐、保温、水压试验等的要求搞清楚。

第7章　建筑燃气系统设计

要看懂建筑燃气系统图，除了要掌握燃气的种类、输配和供应，燃气用具，建筑内燃气管道用管材、管件、附件、管道的布置及敷设、管道的安装要求外，还应掌握建筑燃气设备图表示的方法和内容。通过实例的识读，掌握识读图的规律，并结合工程实际，可以使看图更加顺利。

7.1　燃气系统的工作原理

7.1.1　燃气的分类及性质

根据来源的不同，燃气可分为天然气、人工煤气和液化石油气三种。

1. 天然气

天然气是从地下直接开采出来的可燃气体。天然气一般可分为四种：从气井开采出来的气田气（或称纯天然气）；伴随石油一起开采出来的石油气（也称石油伴生气）；含石油轻质馏分的凝析气田气；从井下煤层抽出的煤矿矿井气。

一般纯天然气的可燃成分以甲烷为主，还含有少量的二氧化碳、硫化氢、氮和微量的氦、氖、氩等气体。天然气的发热值为 34800～41900kJ/Nm^3，是一种理想的城市气源。天然气可以用管道输送，也可以压缩成液态运输和贮存，液态天然气的体积仅为气态天然气的 1/600。

天然气通常没有气味，所以在使用时需加入无害而有臭味的气体，以便易于发现漏气的情况，避免发生中毒或爆炸等事故。

2. 人工煤气

人工煤气是将固体燃料（煤）或液体燃料（重油）通过人工炼制加工而得到的。按其制取方法的不同可分为干馏燃气、气化燃气、油制气和高炉燃气四种。

在城市燃气中由固体燃料得到的煤气是主要的气源。将煤放入专用的煤气发生炉中，隔绝空气从外部加热，氧化还原反应分解出来的气体经过处理后就是焦炉煤气，可用管道直接输送至用户。剩余的固体残渣即为焦炭。它的主要成分是甲烷和氢气，低发热值一般在 14600kJ/Nm^{3}左右。

人工煤气有强烈的气味及毒性，含有硫化氢、萘、苯、氨、焦油等杂质，容易腐蚀及堵塞管道，因此出厂前均需经过净化处理。人工煤气只能采用贮气罐气态贮存和管道输送。

3. 液化石油气

液化石油气是在对石油进行加工处理过程中（如常温减压蒸馏、催化裂化），作为副产品而获得的一部分碳氢化合物。

液化石油气是多种气体的混合物，其中主要是丙烷（C_3H_8）、丙烯（C_3H_6）、丁烷（C_4H_{10}）和丁烯（C_4H_8），习惯上又称为 C_3、C_4，即只用烃的碳原子数表示，它们在常温下呈气态，当压力升高或温度降低时，很容易转变为液态，便于贮存和运输。

燃气虽然是一种清洁方便的理想能源，但是如果不了解它的性质或使用不当，也会带来不堪设想的后果。燃气和空气混合到一定比例时，极易引起燃烧和爆炸，且人工煤气有剧烈的毒性，容易引起中毒事故。因而，所有制备、输送、贮存和使用燃气的设备及管道，都要有良好的密封性，在设计、加工、安装和材料选用时都有严格的要求，同时必须加强维护和管理工作，防止漏气。

7.1.2　燃气供应

燃气供应方式有罐装供应和管道供应两种。

1. 罐装供应

液化石油气可罐装供应，即石油炼化厂生产的液化石油气贮罐经火车或汽车或槽车运至使用液化石油气地区的贮气分配站，然后用泵由贮罐向钢瓶充装或由泵经管道从一个容器注入另一个容器。

钢瓶的容量有 10kg、15kg、20kg 等，钢瓶内液化石油气的压力一般为 70～800kPa，供燃气用具使用时，应经钢瓶上的调压阀减压到 2.8±0.5kPa，钢瓶的结构如图 7-1 所示，调压阀的结构如图 7-2 所示。

2. 管道供应

天然气和人工燃气可用管道输配供应。

（1）市区燃气管道：由气源、燃气门站及高压罐进入高中压管网，再由调压站进入低压管网和低压贮气罐站。城市燃气管网按压力分为以下种类：低压管网，$p\leqslant$4.9kPa；中压管网，4.9kPa$<p\leqslant$14.7kPa；次高压管网，14.7kPa$<p\leqslant$294.3kPa；高压管网，294.3kPa$<p\leqslant$784.8kPa。市区燃气管道管网分环状燃气管网和枝状燃气管网。

（2）庭院燃气管网：由建筑群组成建筑庭院、居住小区。庭院燃气管网组成如下：庭院内燃气管网与市区街道燃气管道相连接的联络管；庭院内燃气管网；管道上的阀门和凝水缸，如图 7-3 所示。

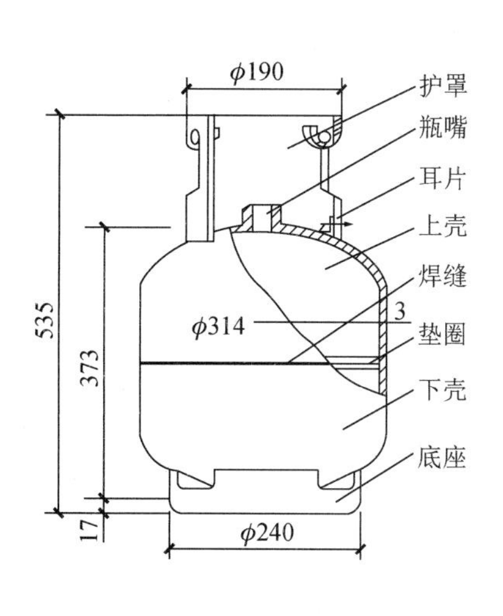

（a）10kg液化气钢瓶

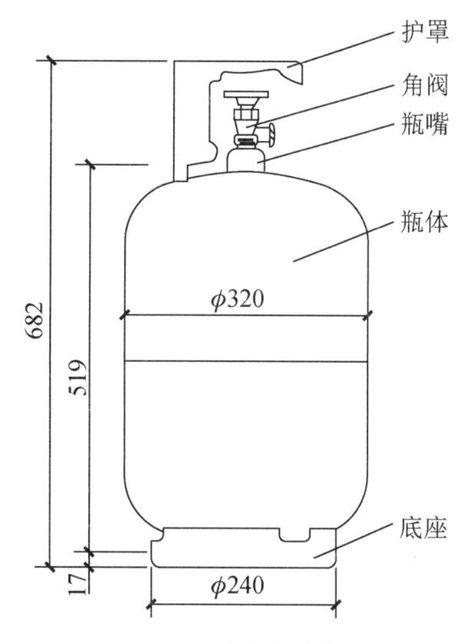

（b）15kg液化气钢瓶

图7-1　钢瓶的结构

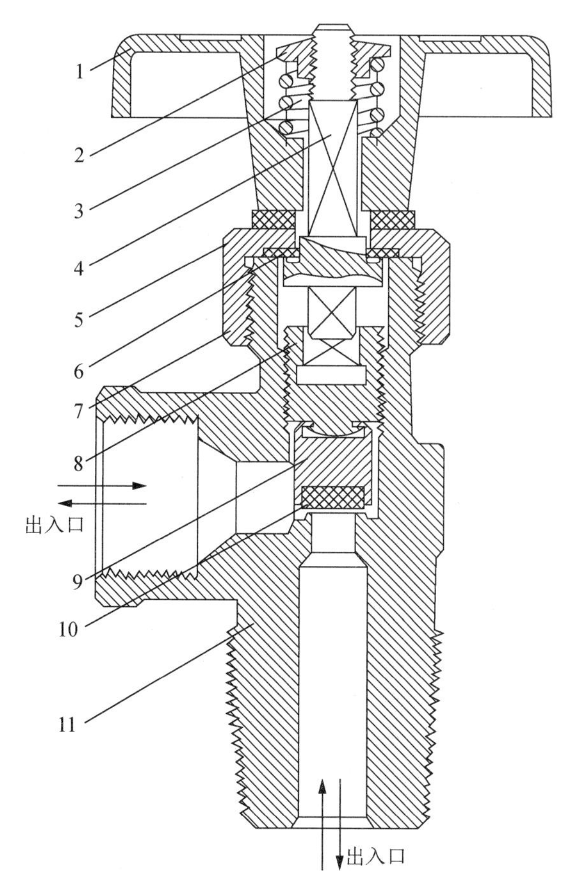

1—手轮；2—螺母；3—弹簧；4—阀杆；5—垫圈；6—密封圈；
7—密封螺母；8—连接套；9—阀堵；10—密封垫；11—阀体

图7-2　钢瓶上的调压阀

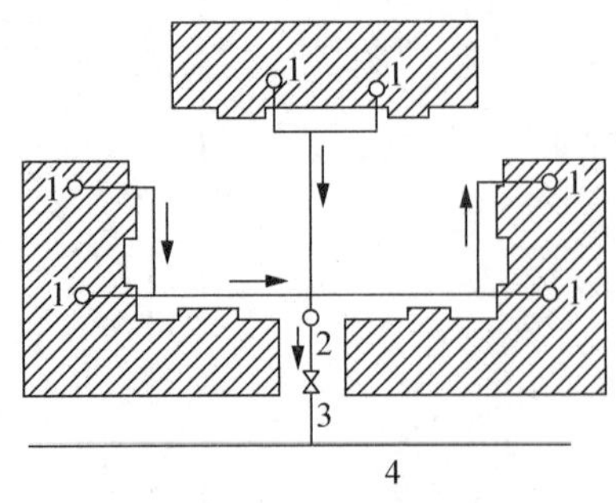

1—燃气立管；2—凝水缸；3—燃气阀门井；4—街道燃气管

图 7-3　庭院燃气管网

凝水缸用来排除燃气管道内燃气冷凝水，进出燃气管均要有坡度，坡向凝水缸内，凝水缸结构示意图如图 7-4 所示。

（3）建筑内燃气管道。由庭院燃气管道引至建筑内管道，由进户管、水平干管、立管、横支管、燃气表和阀门及火嘴组成，如图 7-5 所示。

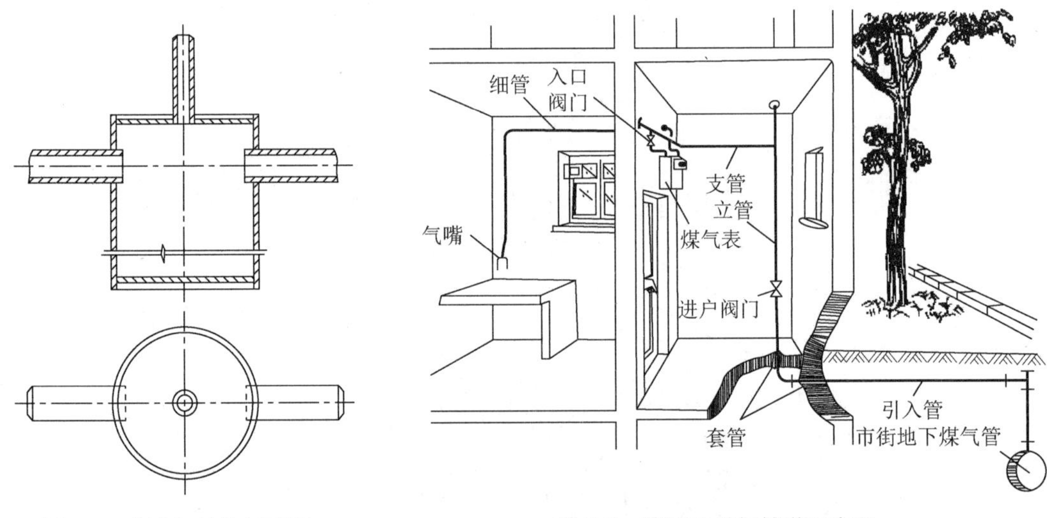

图 7-4　凝水缸结构示意图

图 7-5　建筑内燃气管道示意图

7.2　燃气用管材、管件、附件

建筑内燃气管道用的管材、管件、附件有以下种类。

（1）钢管有普通水煤气钢管和镀锌管。钢管的连接有焊接、螺纹连接和法兰连接。建筑内钢管普遍采用螺纹连接。螺纹连接用管件同给水管道螺纹连接管件。有弯头、三通、四通、管箍、活接、内接、丝堵、补心和根母，在燃气表连接处还有燃气表表帽、表弯头、表接头及燃气火嘴，如图 7-6 所示。

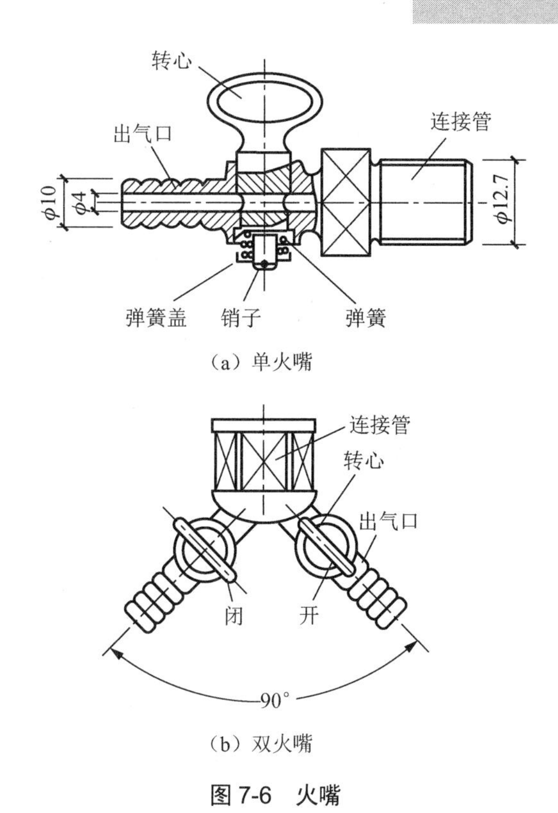

（a）单火嘴

（b）双火嘴

图 7-6　火嘴

（2）铸铁管采用给水铸铁管。铸铁管连接有承插连接和法兰连接，与此相对应的有承插管件和法兰管件两类，如表 7-1 所示。

表 7-1　铸铁管件

序　号	名　称	单线图表示图例
1	90° 双承弯管	
2	90° 承插弯管	
3	45° 双承弯管	
4	45° 承插弯管	
5	承插短管	
6	双承短管	
7	90° 双盘弯管	

续表

序　号	名　称	单线图表示图例
8	90°盘插弯管	
9	45°双盘弯管	
10	45°盘插弯管	
11	插盘短管	
12	三盘一插十字管	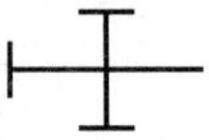
13	二承一插十字管	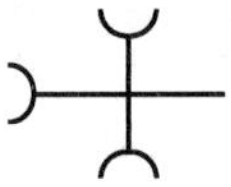
14	双承一插丁字管	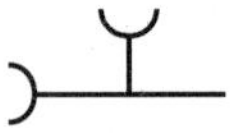
15	三承丁字管	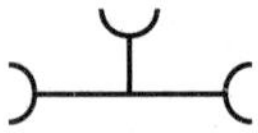
16	双承一盘丁字管	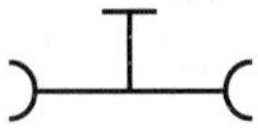
17	单承单盘单插丁字管	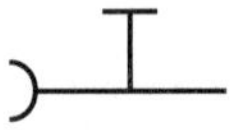
18	双承渐缩管	
19	四承十字管	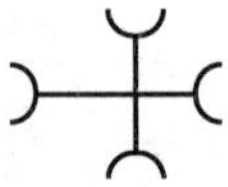
20	四盘十字管	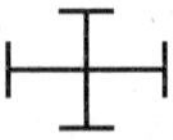
21	双盘丁字管	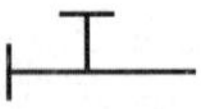
22	三盘丁字管	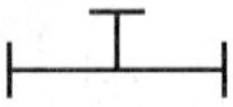
23	单承双盘丁字管	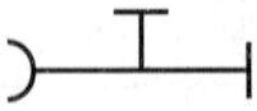

续表

序　号	名　称	单线图表示图例
24	承插渐缩管	)—▷—
25	双插渐缩管	—▷—

（3）胶管。胶管耐油耐酸碱，用于燃气火嘴与燃气用具的连接。

建筑内燃气管道上如进户，立管一层始端和燃气表进口处应安装阀门，常用阀门为旋塞，如图 7-7 所示。

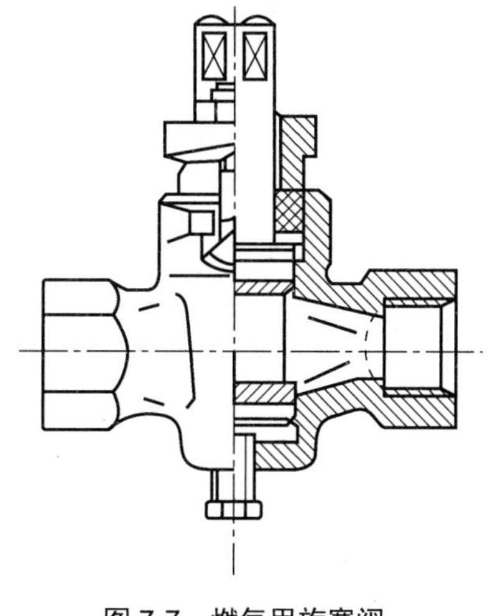

图 7-7　燃气用旋塞阀

7.3　建筑燃气设备图

建筑燃气设备图应完整地表明建筑内所用燃气设备的名称、规格、数量、安装位置和供燃气的管道所用的管材、管径、坡度、安装位置，以及管道上所用配件的型号、规格、数量、位置等。

7.3.1　建筑燃气设备图表述方法

建筑燃气设备图主要表述燃气用具和管路。

（1）燃气用具表述。燃气用具用图例表述，如表 7-2 所示。

（2）燃气管路表述。燃气管路用图例表述，如表 7-3 所示。

表 7-2　燃气用具图例

序　号	名　称	图　例
1	燃气表	
2	单眼灶	
3	双眼灶	
4	热水器	
5	燃气炉	
6	烘烤箱	

表 7-3　燃气管路图例

序　号	名　称	图　例
1	焊接管	
2	铸铁管	
3	橡胶管	
4	旋塞	
5	火嘴	
6	管堵	

7.3.2　燃气管路布置与敷设

燃气管路在建筑内应尽量沿墙、梁、地面、天花板明敷，避免穿过卧室、大厅和卫生间。住宅建筑采用各单元独立进户管，进户管坡向庭院管道，在管道低处应有泄水堵头。燃气表上进出口连接支管均应坡向燃气立管，在燃气进户管的立管始端 1.0m 左右处及燃气表进口处和燃气用具进口处应安装旋塞，如图 7-8 所示。

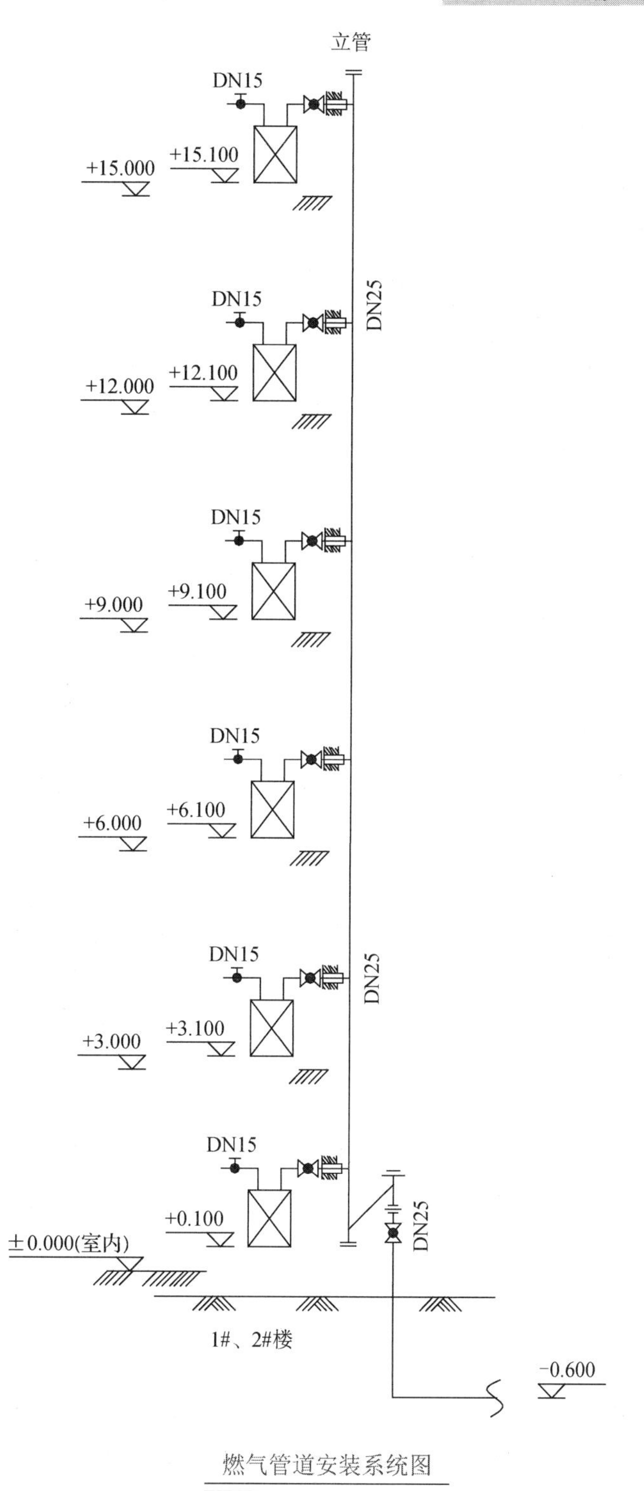

图 7-8　燃气管道安装系统图

此室内燃气管道系统由用户引入管、立管、用户支管、燃气计量表、用具连接管和燃气用具组成。

室内燃气管道的布置和敷设要求如下。

用户引入管与城市或庭院低压分配管道连接，在分支管处设阀门。输送湿燃气的引入管一般由地下引入室内，当采取防冻措施时，也可由地上引入。在非采暖地区输送干燃气，且管径不大于 75mm 时，可由地上引入室内。输送湿燃气的引入管应有不小于 0.005 的坡度，坡向城市分配管道。引入管最好直接引入用气房间（如厨房）内，不得敷设在卧室、浴室、厕所、易燃与易爆物仓库、有腐蚀性介质的房间、变配电间、电缆沟及烟、风道内。

当引入管穿越房屋基础或管沟时，应预留孔洞，加套管，间隙用油麻、沥青或环氧树脂填塞。管顶间隙应不小于建筑物最大沉降量，具体做法如图 7-9 所示。当引入管沿外墙翻身引入时，其室外部分应采取适当的防腐、保温和保护措施，具体做法如图 7-10 所示。

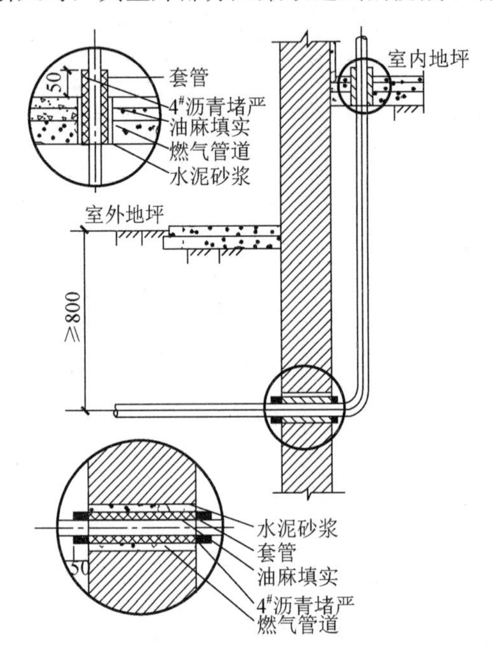

图 7-9　引入管穿越基础或外墙

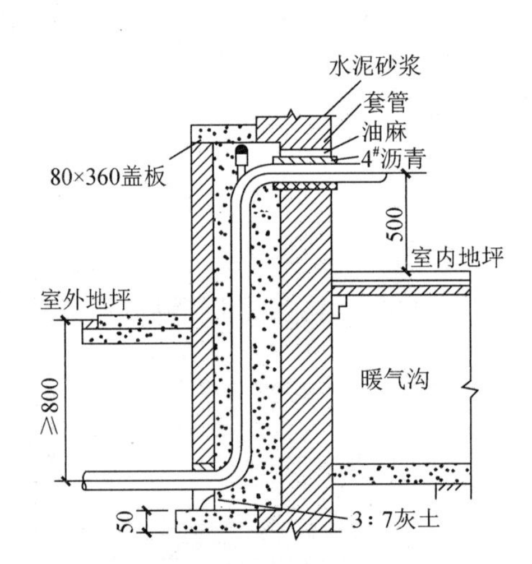

图 7-10　引入管沿外墙翻身引入

引入管进入室内第一层处，应该安装严密性较好、不带手柄的旋塞，可以避免随意开关。

对于 20m 以上建筑物的引入管，在进入基础之前，管道上应设软性接头，以防地基下沉对管道的破坏。

7.3.3　水平干管

引入管连接多根立管时，应设水平干管。水平干管可沿楼梯间或辅助间的墙壁敷设，坡向引入管，坡度不小于 0.002。管道经过的楼梯间和房间应有良好的通风条件。

立管是将燃气由水平干管（或引入管）分送到各层的管道。立管一般敷设在厨房、走廊或楼梯间内。每一立管的顶端和底端设丝堵三通，以备清洗用，其直径不小于 25mm。当由地下室引入时，立管在第一层应设阀门。阀门应设于室内，对重要用户应在室外另设阀门。

立管通过各层楼板处应设套管。套管高出地面至少 50mm，套管与立管之间的间隙用油麻填堵，沥青封口。

立管在一幢建筑中一般不改变管径，直通上面各层。

7.3.4　用户支管

由立管引向各单独用户计量表及燃气用具的管道为用户支管。用户支管在厨房内的高度不低于 1.7m，敷设坡度应不小于 0.002，并由燃气计量表分别坡向立管和燃气用具。支管穿墙时也应有套管保护。

室内燃气管道一般为明装敷设。当建筑物或工艺有特殊要求时，也可以采用暗装，但必须敷设在有人孔的吊顶或有活盖的墙槽内，以便安装和检修。

进入建筑物的燃气管道可采用镀锌钢管或普通钢管。连接方式可以用法兰，也可以焊接丝接，一般 DN≤50mm 的管道为丝接。如果室内管道采用普通焊接钢管，安装前应先除锈、刷一道防腐漆，并在安装后再刷两道银粉或灰色防锈漆。

7.3.5　燃气表

燃气表是计量燃气用量的仪表，在居住与公共建筑内，最常用的是一种皮膜式燃气表，如图 7-11 所示。

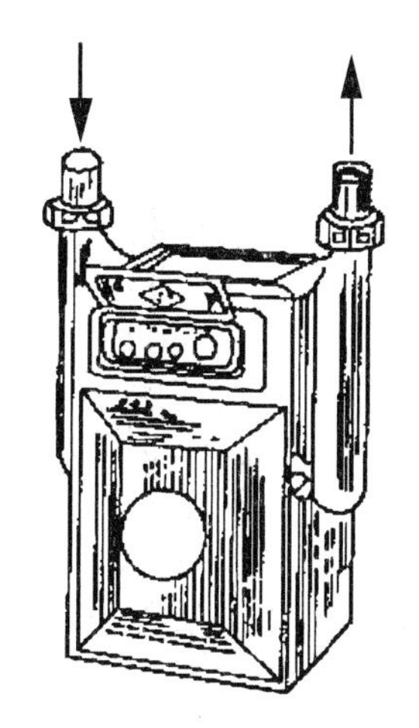

图 7-11　皮膜式燃气表

这种燃气表有一个方形的金属外壳，上部两侧有短管，左接进气管，右接出气管。外壳内有皮革制的小室，中间以皮膜隔开，分为左右两部分，燃气进入表内，可使小室左右两部分交替充气与排气，借助杠杆、齿轮传动机构，上部度盘上的指针即可指示出燃气用量度的累计值。计量范围：小型流量为 1.5～$3m^3/h$，使用压力为 500～3000Pa；中型流量为 7～$84m^3/h$，大型流量可达 $100m^3/h$，使用压力为 10^3～2×10^3Pa。

使用管道燃气的用户均设置燃气表。居住建筑应一户一表，公共建筑至少每个用气单位设一个燃气表。

为保证安全，燃气表应装在不受震动，通风良好，室温不低于 5℃、不超过 35℃的房间，不得装在卧室、浴室、危险品和易燃、易爆物仓库。小表可挂在墙上，距地面 1.7～1.8m 处。燃气表到燃气用具的水平距离不得小于 0.8～1.0m。

7.4　燃 气 用 具

燃气广泛用于民用生活、工业生产、公用炊事、烘烤、食品加工、空调制冷、采暖和照明，因此燃气用具种类很多。

7.4.1 燃气用具的种类

燃气用具的种类如下。

（1）家用燃气灶，如单眼灶、双眼灶等。

（2）公用炊事器具，如炒菜灶、蒸饭灶、煎饼灶、火锅灶、复合燃气灶、单火眼烤板烤箱灶等。

（3）烘烤器具，如食堂烤炉、红外线糕点烘烤炉、烤鸭炉等。

（4）烧水器具，如开水炉、热水器、沸水器等。

（5）冷藏器具，如燃气冰箱。

（6）空调采暖器具，如冷热风箱、采暖炉、红外线辐射采暖器具等。

（7）其他器具，如燃气洗衣机、干燥器、燃气熨斗、理发吹风器、燃气灯等。

7.4.2 常用燃气器具

常用燃气器具如下。

（1）单眼灶：由炉盘、燃烧器、调风板和火嘴组成。

（2）双眼灶：一个炉盘上有两个火眼，分别有燃烧器、调风板和火嘴，如图 7-12 所示。

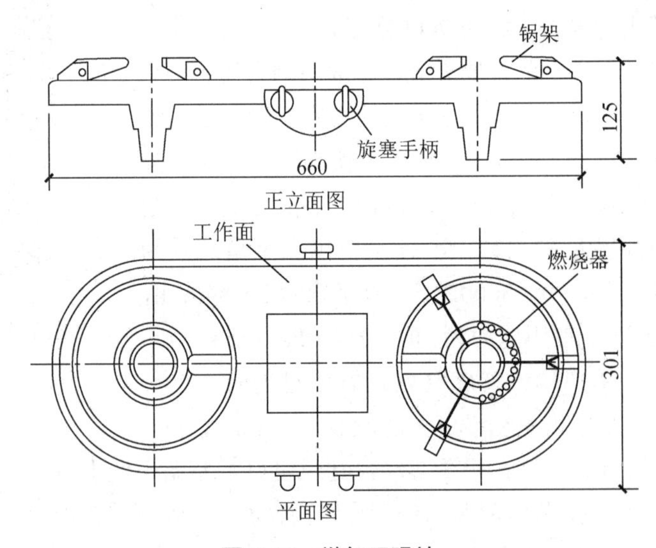

图 7-12 燃气双眼灶

（3）烤箱灶：除炉灶外，还有烘烤箱，如图 7-13 所示。

（4）燃气开水炉：其内设有烟管、烟筒，外有炉筒，下有燃气灶，如图 7-14 所示。

（5）热水器：内有加热翼片管和燃烧器将水快速加热，如图 7-15 所示。

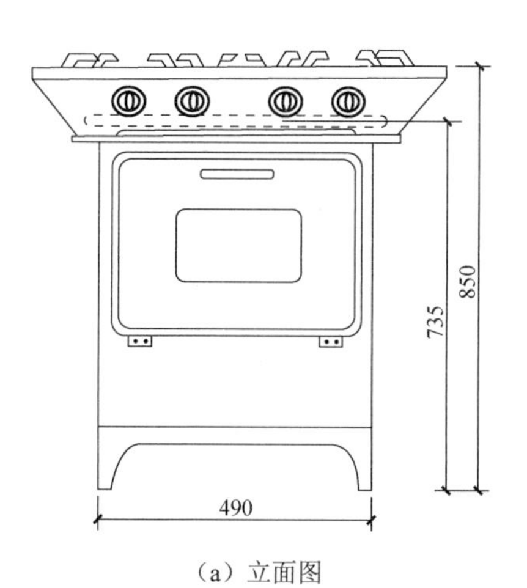

（a）立面图

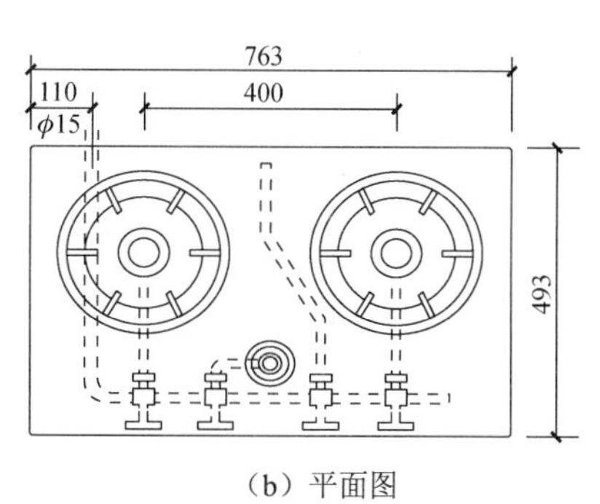

（b）平面图

图 7-13　烤箱灶

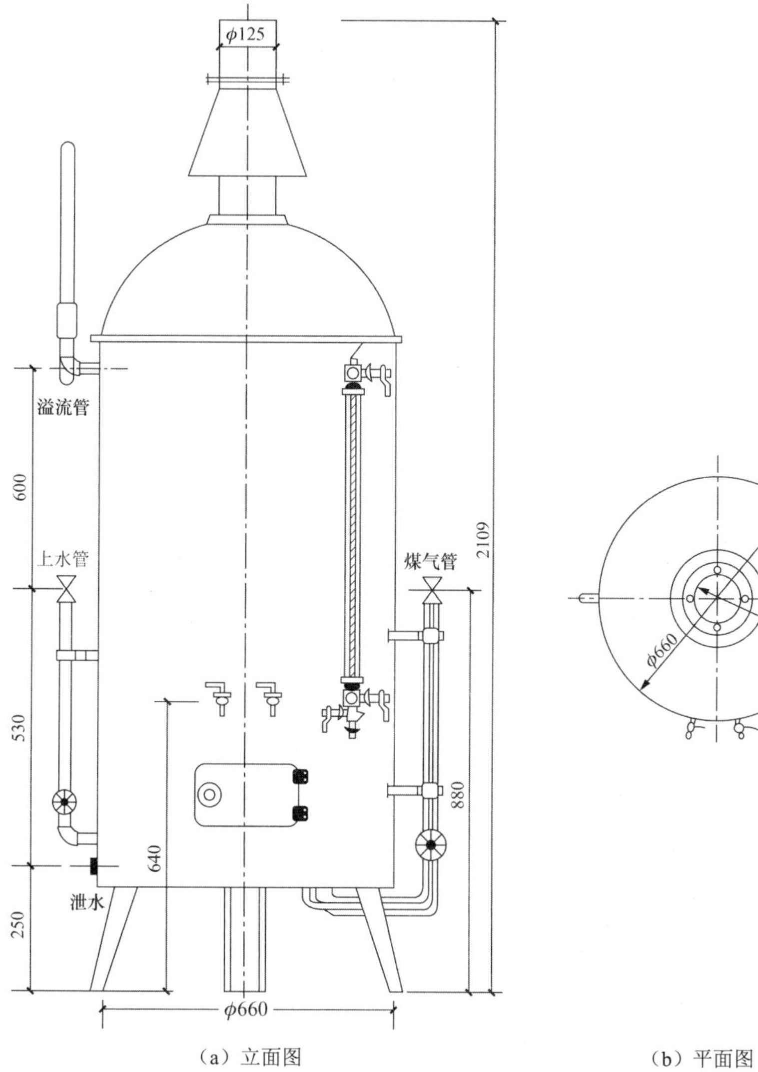

（a）立面图

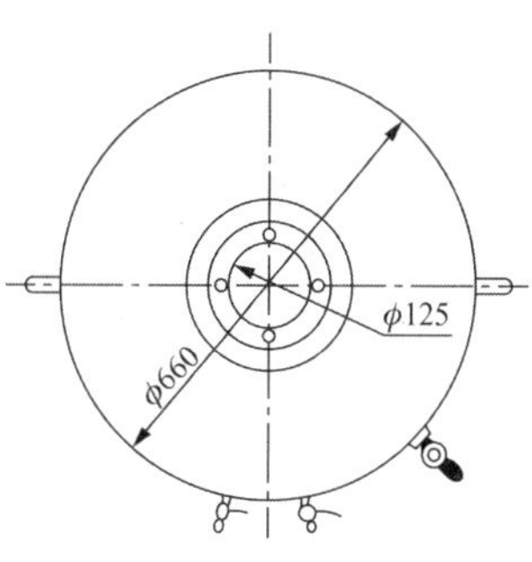

（b）平面图

图 7-14　燃气开水炉

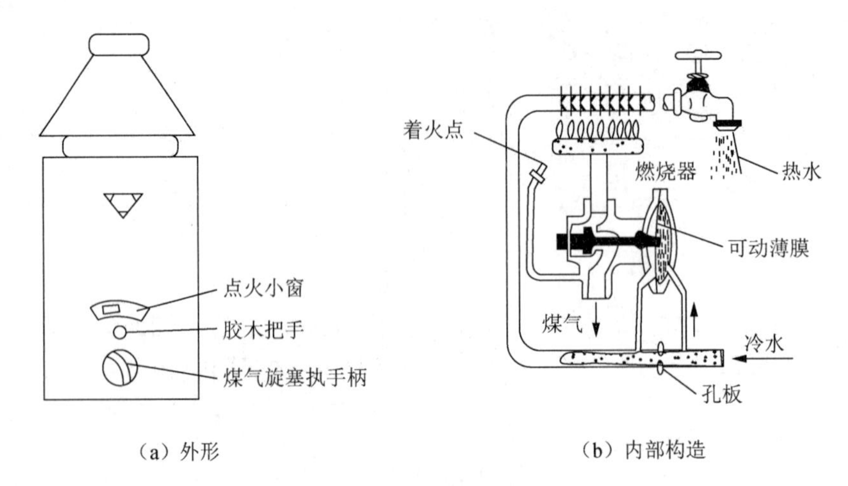

（a）外形　　（b）内部构造

图 7-15　热水器

（6）燃气冰箱：它是一种冷冻设备，由燃烧器、加热器、气液分离器、冷凝器、蒸发器和吸收器等组成。燃气燃烧加热器中的浓氨水溶液，气液混合物在加热器内分离，稀氨水溶液在气液分离器分出，与来自吸收器的浓氨水溶液进行热交换后进入吸收器；氨气在气液分离器上部进入冷凝器被冷却变成液氨，液氨与来自吸收器的氢气同时进入蒸发器，在蒸发器内，液氨蒸发吸热而起到制冷作用。蒸发后的氨气与氢气流入吸收器，在吸收器内，氨气溶于来自加热器的稀氨水溶液而变浓氨水，再流入加热器，而氢气不溶于水而又进入蒸发器，如此往复循环，如图 7-16 所示。

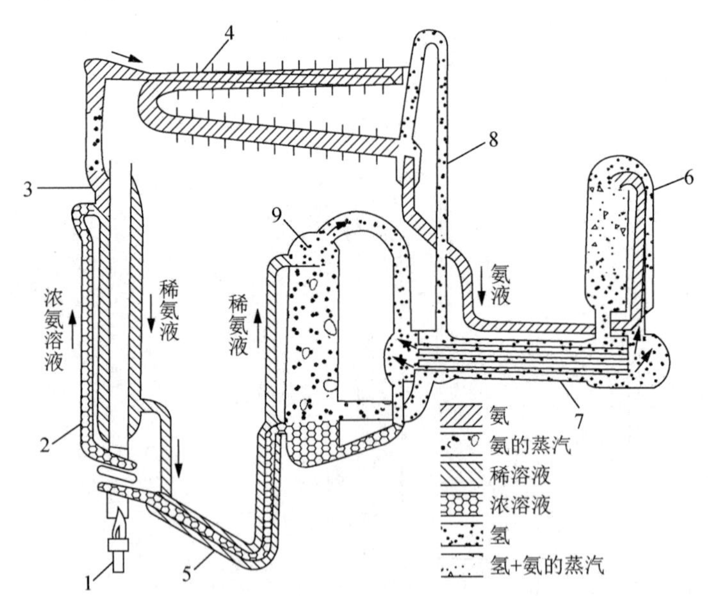

1—燃烧器；2—加热器；3—气液分离器；4—冷凝器；5—热交换器；
6—蒸发器；7—列管换热器；8—压力均衡管；9—吸收器

图 7-16　燃气冰箱的工作原理

（7）燃气空调机：以水作为冷媒，以溴化锂作为吸收剂，燃气加热器 A 内吸收稀溶液，水分蒸发，在分离器 E 下部为溴化锂浓溶液，经过热交换冷却后，进入吸收器 D。在分离器上部，水蒸发经过挡水板进入冷凝器 B 并通过冷却水冷却，使水蒸气变成水，即冷却水。冷却水进入低压蒸发器 C 中，在蒸发面上吸热制冷，通过空气换热器和风扇向室内吹冷风。在冬季可关断冷凝器中的冷却水，让蒸汽加热空气加热器，并由风扇向室内吹热风，如图 7-17 所示。

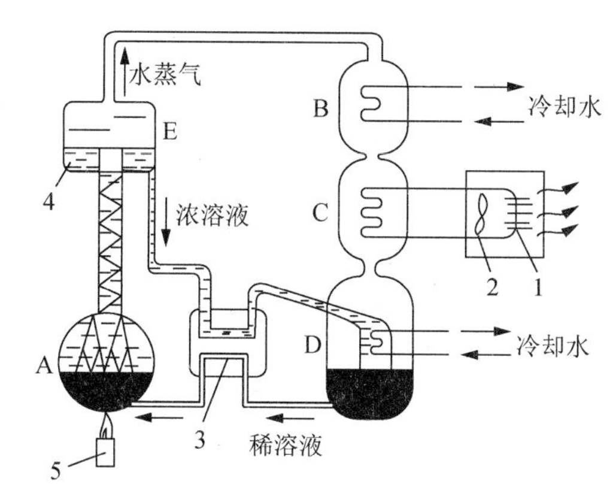

A—加热器；B—冷凝器；C—蒸发器；D—吸收器；E—分离器

1—空气换热器；2—风扇；3—换热器；4—浓溶液；5—燃烧器

图 7-17　燃气空调机的工作原理

7.5　建筑燃气设备图的识读

7.5.1　建筑燃气设备图的组成

完整的建筑燃气设备施工图由目录、设计说明、主要材料表和设计图样组成。

（1）目录。对设计说明、表格、图样进行编号且按顺序排录，如某建筑燃气设备图的目录上有设计说明、主要设备材料表、一层平面图、标准层平面图、管道轴测图、燃气表安装详图。

（2）设计说明。设计说明内容包括工程概况；设备型号和质量；管材管件及附件的材质、规格和质量，基本设计数据；安装要求及质量检查等。

（3）主要材料表。列表说明主要材料、设备的名称、型号、规格和数量。

（4）设计图样。利用已有建筑图表述建筑燃气平面图。根据平面图绘制燃气管道的轴测图（又称系统图）。对设备安装和对管道穿越建筑的特殊部位不能由平面图、轴测图和设计说明表述清楚的，应有详图表述。

综合目录、说明书、主要材料表及平面图、轴测图和详图进行对应查找识读，就可全面看懂建筑燃气设备施工图。

7.5.2 建筑燃气设备图识读的主要方法

当手中已有一份建筑燃气设备图时，先检查图样的张数够不够，即有多少张图，再按目录进行清点，然后进行识读。识读应按目录、设计说明、主要材料表图样的顺序进行。通过对目录、设计说明、主要材料表的认真识读，对工程有一个基本了解。

7.5.3 建筑燃气设备图识读应掌握的内容

建筑燃气设备图识读应掌握的内容包括以下方面。

（1）目录识读应掌握图样的张数和图样的名称。

（2）设计说明识读应掌握设计者的意图，如设计参数、资料及对工程的要求。特别要对主要设备、主要材料、施工方法、施工质量进行全面掌握。

（3）主要材料表识读应掌握主要材料、设备的材质、型号、规格和数量，对它们的用途也应掌握。

（4）图样识读应掌握图的数量，各图之间的关系，在各图样中重点掌握管道的走向、尺寸、管材，以及与建筑的空间位置关系；掌握各种设备的型号、数量、平面及空间的位置；掌握各种管道与设备的连接关系。识图时不管是看平面图还是轴测图，按流向识读，即燃气进户管—立管支管—燃气表—连接燃气用具的立管和支管，也就是从大管径到小管径方向进行识读。

7.5.4 建筑燃气设备图识读举例

某小区有住宅楼五栋，建筑燃气管道分小区总体设计和每栋楼单元设计，设计说明如图 7-18 所示，小区燃气管网总平面图如图 7-19 所示，材料表如图 7-20 所示，室内系统图如图 7-21 所示，室内安装平面图如图 7-22 所示。

设计说明：

1. 本设计1～4#楼采用楼前埋地，户外立管，5#楼采用架空管，室内挂表。
2. 本图中标高均以m计，一层标高为±0.00。
3. 燃气管道户内穿墙及楼板做法详见安装图集（91SB8-燃72页）。
4. 燃气表底距室内地坪1.60m。
5. 施工及验收遵照《城镇燃气室内工程施工及验收规范》（CJJ 94-2003）。
6. 本设计中燃气管道未标注部分与建筑物、构筑物或相邻管线间距参见《城镇燃气设计规范》（GB 50028—93）(2002版)。

图 7-18 设计说明

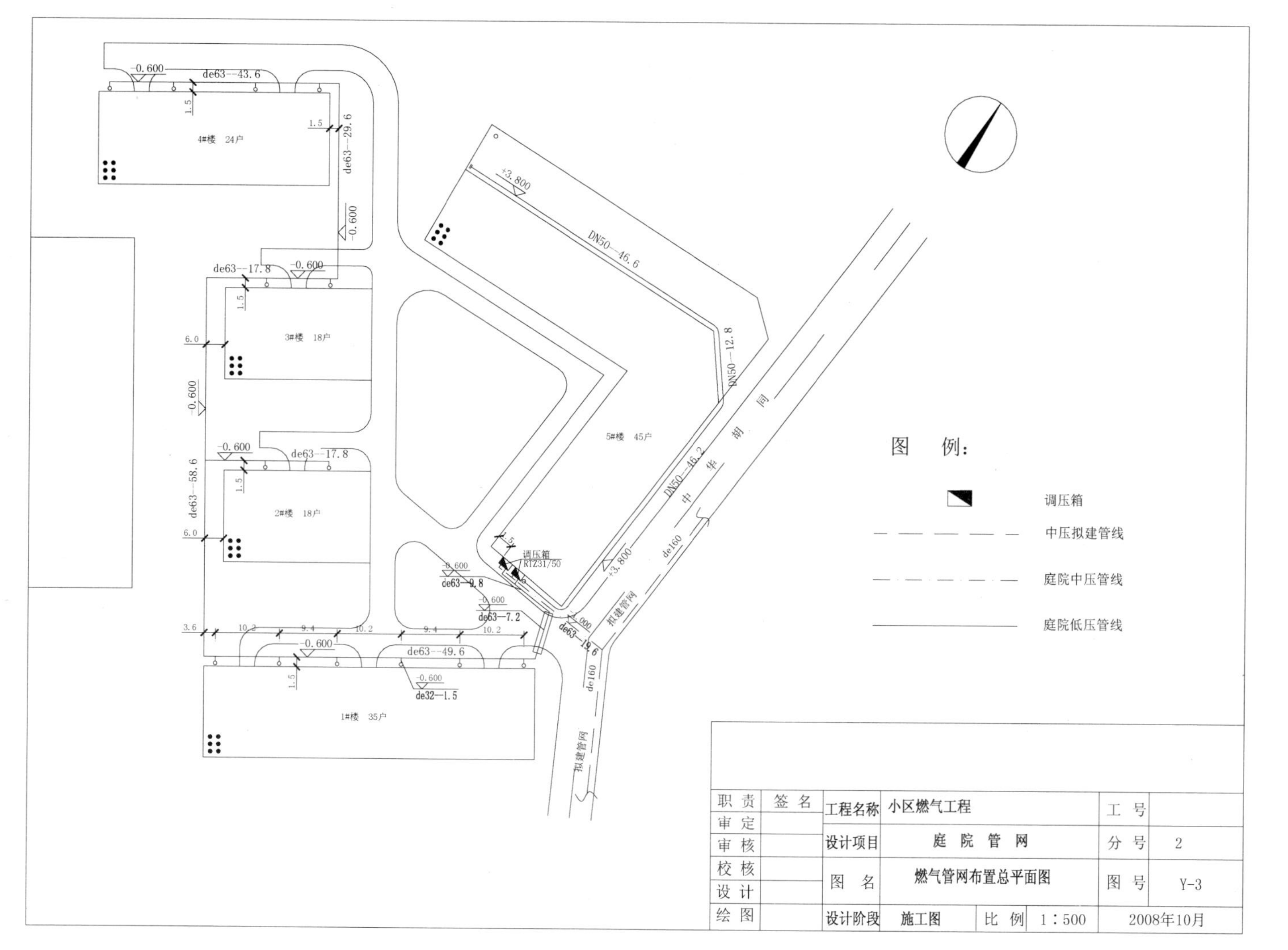

图 7-19　小区燃气管网总平面图

	材 料 表	工号		图号	Y-1
		分号	2	页号	1/1

序号	名称规格	材 料	单位	数量	重量（公斤）		图号	备注
					单重	总重		
一、	室外材料							
1	PE80 SDR11 de63	聚乙烯	m	238				GB 15558.1—95
2	PE80 SDR11 de32	聚乙烯	m	25				GB 15558.1—95
3	90°弯头 de63/32	聚乙烯	个	2				GB 15558.2—95
4	正三通 de63/63	聚乙烯	个	3				GB 15558.2—95
5	钢套管 DN160	Q235B	m	16				GB 15558.2—95
6	异径三通 de63/32	聚乙烯	个	12				GB 15558.2—95
7	钢塑转换 de63/DN50	成品	个	4				GB 15558.2—95
8	钢塑转换 de32/DN25	成品	个	14				GB 15558.2—95
9	电熔套筒 de63	聚乙烯	个	16				GB 15558.2—95
10	电熔套筒 de32	聚乙烯	个	13				GB 15558.2—95
11	无缝钢管 $\phi57\times3.5$	Q235B	m	6				GB/T 3091
12	调压箱 RTZ31/50	成品	台	2				附法兰垫片螺母螺栓
二、	室内材料							
13	镀锌钢管 DN25	Q235B	m	385				GB/T 3091
14	镀锌钢管 DN15	Q235B	m	260				GB/T 3091
15	弯头 DN15	钢制	个	280				GB/T 3091
16	三通 DN15	钢制	个	140				GB/T 3091
17	铜球阀 DN15	成品	个	140				
18	旋塞阀 DN15	成品	个	140				
19	燃气表 J1.6	成品	块	140				
编 制					审 核			

图 7-20　材料表

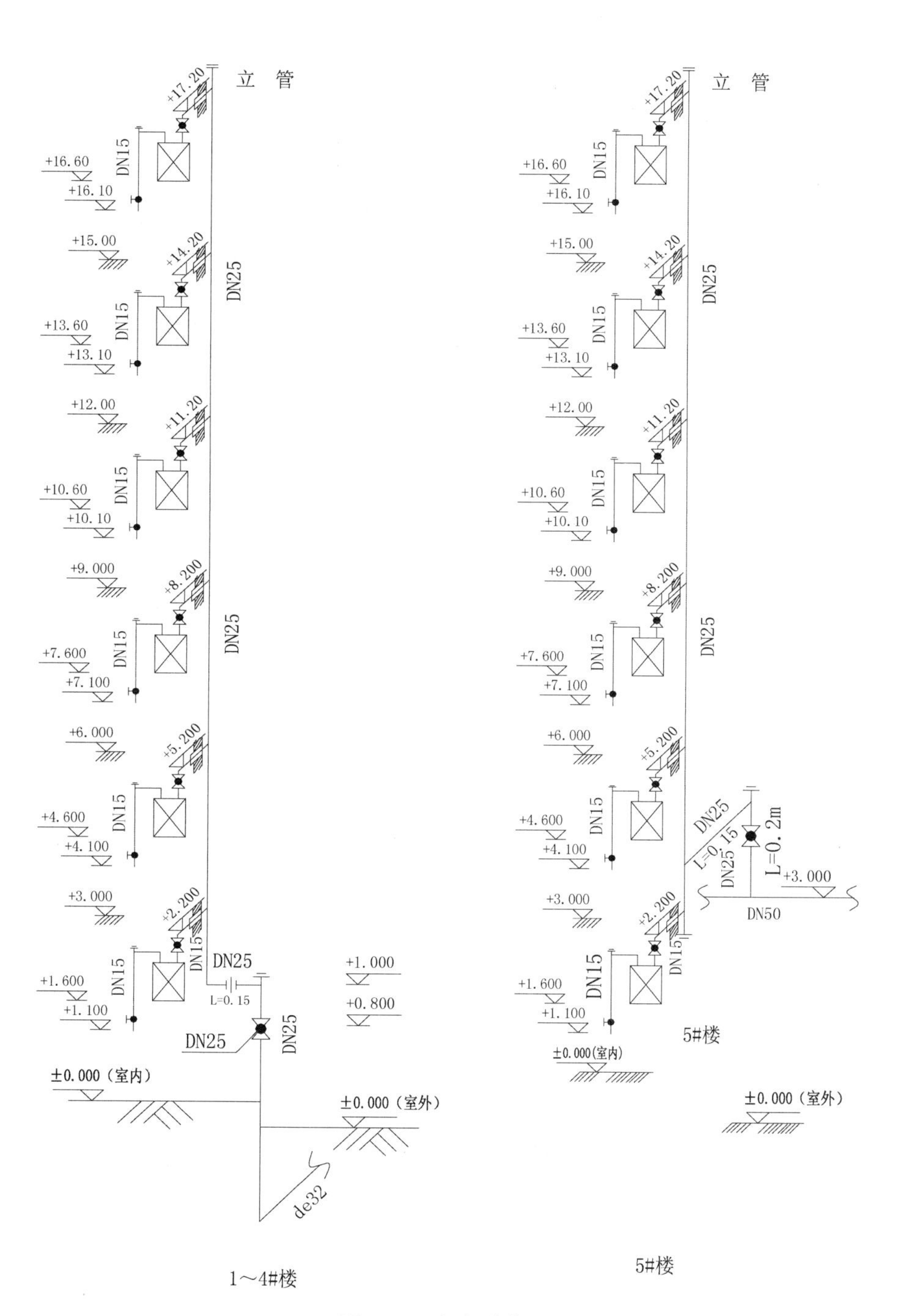
立 管
DN15
DN25
+17.20
+16.60
+16.10
+15.00
+14.20
+13.60
+13.10
+12.00
+11.20
+10.60
+10.10
+9.000
+8.200
+7.600
+7.100
+6.000
+5.200
+4.600
+4.100
+3.000
+2.200
+1.600
+1.100
+1.000
+0.800
L=0.15
de32
±0.000（室内）
±0.000（室外）
L=0.2m
DN50
5#楼
1～4#楼

图7-21 室内系统图

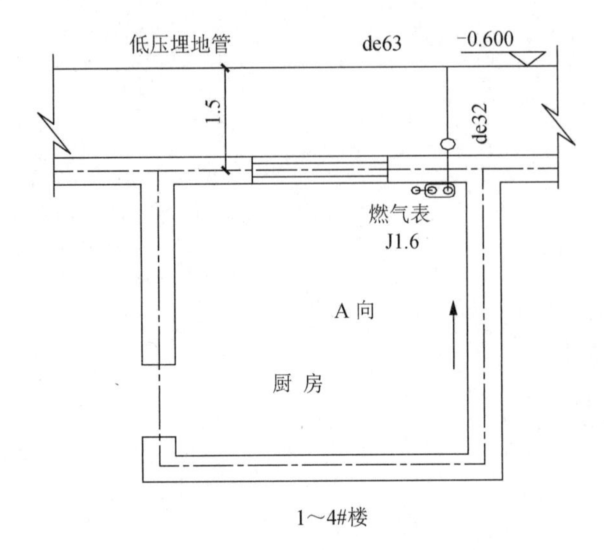

图 7-22　室内安装平面图

附录1　暖通空调制图标准

第一章　总　　则

第 1.0.1 条 为了使采暖通风与空气调节（以下简称采暖通风）专业制图做到基本统一，清晰简明，提高制图效率，满足设计、施工、存档等要求，以适应工程建设需要，特制定本标准。

第 1.0.2 条 本标准适用于采暖室内部分、通风与空气调节的下列工程制图：

一、新建、改建、扩建工程的各阶段设计图、竣工图；

二、原有建筑物、构筑物等的实测图；

三、通用图、标准图。

第 1.0.3 条 采暖通风专业制图，除应遵守本标准的规定外，还应符合《房屋建筑制图统一标准》（GBJ 1－86）及国家现行的有关标准、规范的规定。

第二章　一 般 规 定

第一节　图线

第 2.1.1 条 图线的宽度 b，应根据图样的比例和类别，按《房屋建筑制图统一标准》（GBJ 1－86）中图线的规定选用。

第 2.1.2 条 采暖通风专业制图采用的各种线型，宜符合表 2.1.2 的规定。

表 2.1.2　线型

名　称	线　宽	用　途
粗实线	b	1. 采暖供水、供气干管、立管； 2. 风管及部件轮廓线； 3. 系统图中的管线； 4. 设备、部件编号的索引标志线； 5. 非标准部件的外轮廓线
中实线	0.5b	1. 散热器及散热器的连接支管线； 2. 采暖、通风、空气调节设备的轮廓线； 3. 风管的法兰盘线
细实线	0.35b	1. 平、剖面图中土建轮廓线； 2. 尺寸线、尺寸界线； 3. 材料图例线、引出线、标高符号等
粗虚线	b	1. 采暖回水管、凝结水管； 2. 平、剖面图中非金属风道（砖、混凝土风道）的内表面轮廓线
中虚线	0.5b	风管被遮挡部分的轮廓线

续表

名　称	线　宽	用　途
细虚线	0.35b	1. 原有风管轮廓线； 2. 采暖地沟； 3. 工艺设备被遮挡部分的轮廓线
细点画线	0.35b	1. 设备中心线、轴心线； 2. 风管及部件中心线； 3. 定位轴线
细双点画线	0.35b	工艺设备外轮廓线
折断线	0.35b	不需要画全的断开界线
波浪线	0.35b	1. 不需要画全的断开界线； 2. 构造层次的断开界线

第二节　比例

第 2.2.1 条 采暖通风专业制图选用的比例，宜符合表 2.2.1 的规定。

表 2.2.1　比例

图　名	常用比例	可用比例
总平面图	1∶500，1∶1000	1∶1500
总图中管道断面图	1∶50，1∶100，1∶200	1∶150
平、剖面图及放大图	1∶20，1∶50，1∶100	1∶30，1∶40，1∶50，1∶200
详图	1∶1，1∶2，1∶5，1∶10，1∶20	1∶3，1∶4，1∶5

第三章　制图基本规定

第 3.0.1 条 图目录、设计施工说明、设备及主要材料表等，如单独成图时，其编号应排在其他图纸之前，编排顺序为图纸目录、设计施工说明、设备及主要材料表等。

第 3.0.2 条 图样需用的文字说明，宜以附注的形式放在该张图纸的右侧，并用阿拉伯数字进行编号。

第 3.0.3 条 一张图纸内绘制几种图样时，图样应按平面图在下，剖面图在上，系统图或安装详图在右进行布置。如无剖面图时，可将系统图绘在平面图的上方。

第 3.0.4 条 图样的命名应能表达出同样的内容。

第 3.0.5 条 采暖通风平、剖面图，应以直接正投影法绘制。

第 3.0.6 条 采暖通风系统图应以轴测投影法绘制，并宜用正等轴测或正面斜轴测投影法。当采用正面斜轴测投影法时，Y 轴与水平线的夹角应选用 45° 或 30° 。

第 3.0.7 条 采暖、通风、空调的设备、部件、零件宜编号列表表示。其型号、性能和规格应在表内填写齐全、清楚，图样中只注明其编号。

第 3.0.8 条 设备及主要材料表、部件统计表、零件明细表。

第四章　采暖图样画法

第一节　标高与坡度

第 4.1.1 条 需要限定高度的管道，应标注相对标高。

第 4.1.2 条 管道应标注管中心标高，并应标在管段的始端或末端。

第 4.1.3 条 散热器宜标注底标高，同一层、同标高的散热器只标右端的一组。

第 4.1.4 条 坡度宜用单面箭头表示。

第二节　管道转向、连接、交叉的表示法

第 4.2.1 条 管道转向、连接应按图 4.2.1 表示。

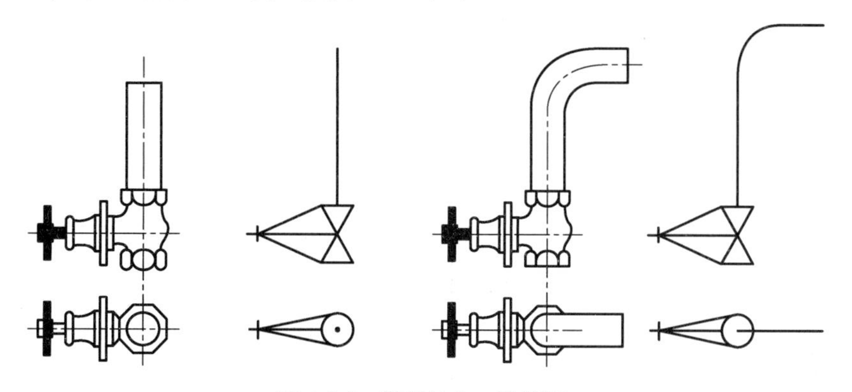

图 4.2.1　管道转向、连接图

第 4.2.2 条 管道交叉应按图 4.2.2 表示。

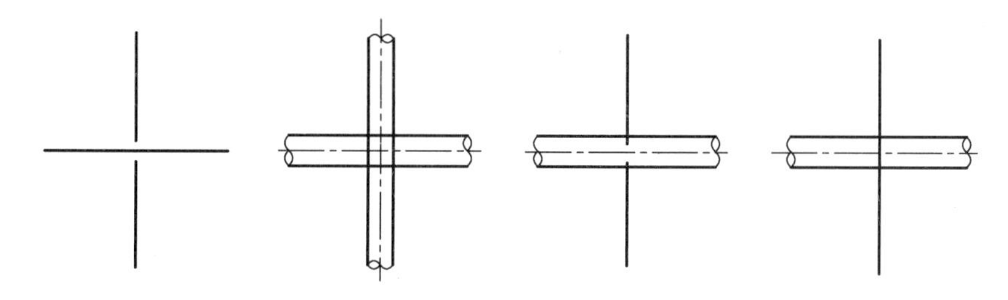

图 4.2.2　管道交叉图

第 4.2.3 条 管道在本图中断，转至其他图上时，应按图 4.2.3 表示。

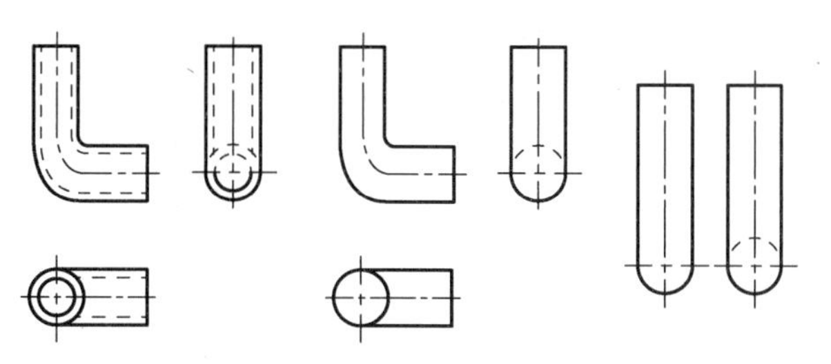

图 4.2.3　管道中断图

第 4.2.4 条 管道由其他图上引来时，应按图 4.2.4 表示。

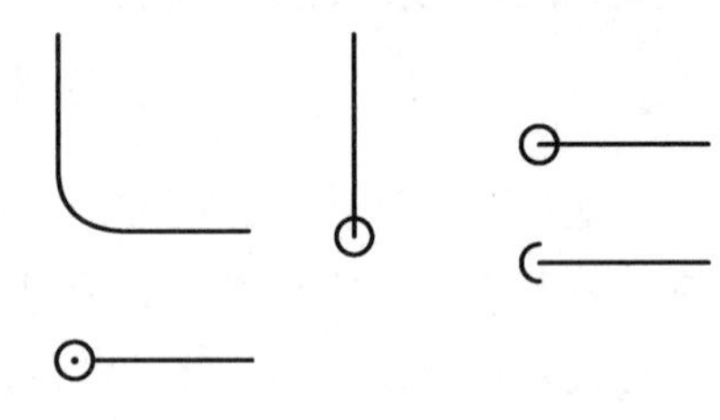

图 4.2.4　外引管道图

第三节　管径标注法与系统编号

第 4.3.1 条 管径尺寸应按下列规定标注：

一、焊接钢管应用公称直径“DN”表示，如 DN32，DN15。

二、无缝钢管应用外径和壁厚表示，如 D114×5，D114 代表外径，5 代表壁厚。

第 4.3.2 条 管径尺寸标注的位置，应符合下列规定（见图 4.3.2）：

一、管径尺寸应注在变径处；

二、水平管道的管径尺寸应注在管道的上方；

三、斜管道的管径尺寸应注在管道的斜上方；

四、竖管道的管径尺寸应注在管道的左侧；

五、当管径尺寸无法按上述位置标注时，可另找适当位置标注，但应用引出线示意该尺寸与管段的关系；

六、同一种管径的管道较多时，可不在图上标注管径尺寸，但应在附注中说明。

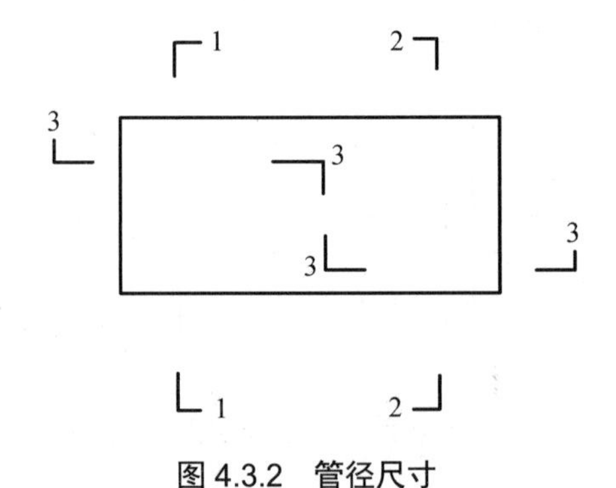

图 4.3.2　管径尺寸

第 4.3.3 条 采暖干管的编号，宜按图 4.3.3 表示。

第 4.3.4 条 采暖入口的编号，也按图 4.3.3 表示。

图 4.3.3　采暖干管及入口编号

第四节　平面图

第 4.4.1 条 平面图中管道系统宜用单线绘制。

第 4.4.2 条 平面图上本专业所需的建筑物轮廓应与建筑图一致。

第 4.4.3 条 散热器宜按图 4.4.3 的画法绘制。

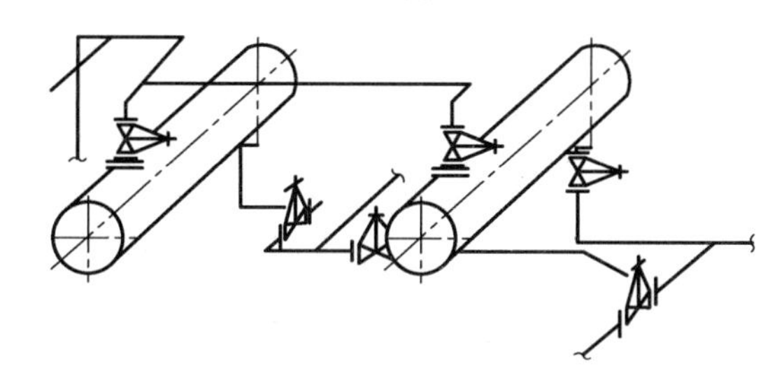

图 4.4.3　散热器绘制

第 4.4.4 条 各种形式散热器的规格及数量，应按下列规定标注：

一、柱式散热器应只注数量；

二、圆翼形散热器应注根数、排数；

如：3×2

其中，3 代表每排根数；2 代表排数。

三、光管散热器应注管径、长度、排数；

如：D108×3000×4

其中，D108 代表管径（mm）；3000 代表管长（mm）；4 代表排数。

四、串片式散热器应注长度、排数。

如：1.0×3

其中，1.0 代表长度（m）；3 代表排数。

第 4.4.5 条 平面图中散热器的供水（供气）管道、回水（凝结水）管道，宜按图 4.4.5 绘制。

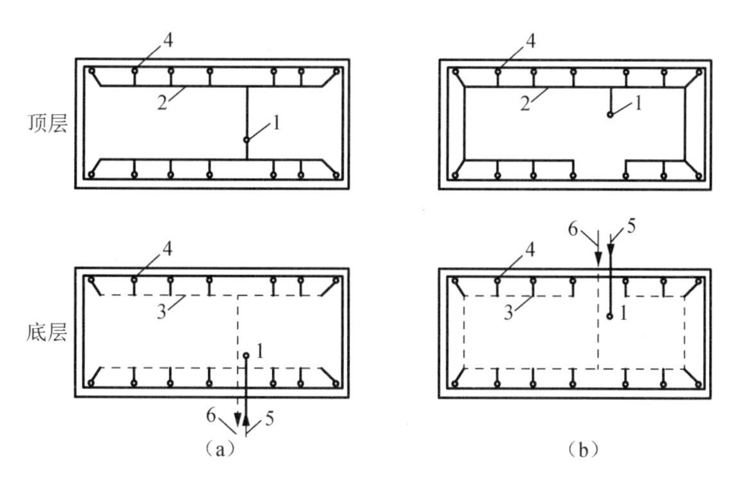

图 4.4.5　散热器管道绘制

第 4.4.6 条 采暖入口的定位尺寸，应为管中心至所邻墙面或轴线的距离。

第五节　系统图

第 4.5.1 条 采暖系统图宜用单线绘制。

第 4.5.2 条 系统图宜采用与相对应的平面图相同的比例绘制。

第 4.5.3 条 散热器宜按图 4.5.3 的画法绘制，其规格、数量应按下列规定标注：

一、柱式、圆翼形散热器的数量，应注在散热器内[见图 4.5.3（a）]。

二、光管式、串片式散热器的规格、数量，应注在散热器的上方[见图 4.5.3（b）]。

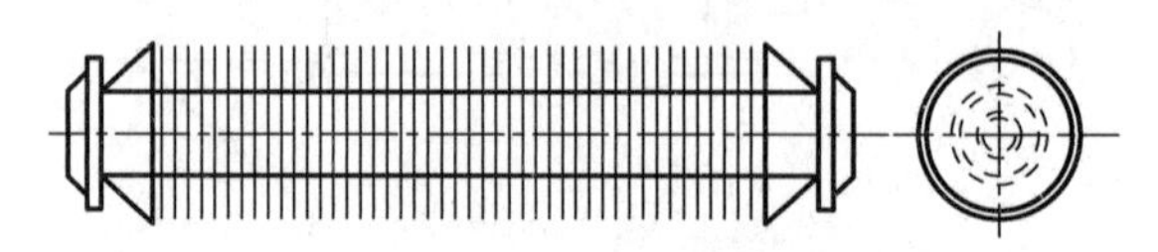

（a）柱式、圆翼形散热器

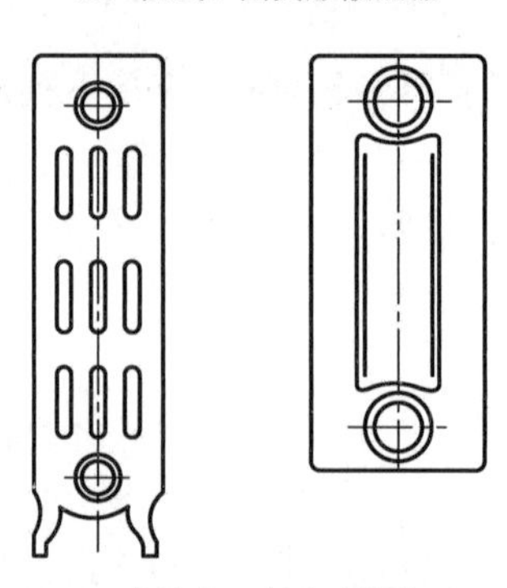

（b）光管式、串片式散热器

图 4.5.3　散热器的画法

第 4.5.4 条 系统图中的重叠、密集处可断开引出绘制。相应的断开处宜用相同的小写拉丁字母注明。

第五章　通风、空调图样画法

第一节　平、剖面图及详图

第 5.1.1 条 通风空调平面图，应按本层平顶以下俯视绘出，剖面图应在其平面图上选择能反映该系统全貌的部位直立剖切。

第 5.1.2 条 通风空调剖面图上选择能反映系统全貌的部位直立剖切。

第 5.1.3 条 如因建筑物平面较大，建筑图采取分段绘制时，通风空调平面图也可分段绘制，但分段部位应与建筑图一致，并应绘制分段示意图。

第 5.1.4 条 平、剖面图应绘出建筑轮廓线，标出定位轴线编号、房间名称，以及与通风空调系统有关的门窗、梁、柱、平台等建筑构配件。

第 5.1.5 条 平、剖面图上如需标注定位尺寸和标高时，平面图上应注出设备、管道中心与建筑定位轴线间的尺寸关系；剖面图上应标出设备、管道中心与建筑定位轴线间的尺寸关系；剖面图上应标出设备、管道中心（或管底）标高，必要时，还应注出距该层地

面的尺寸。

第 5.1.6 条 平、剖面图中各设备、部件等，宜标注编号。

第 5.1.7 条 平、剖面图中的风管宜用双线绘制，风管法兰盘宜用单线绘制。

第 5.1.8 条 多根风管在平、剖面图上重叠时，根据视图需要，可将上面（下面）或前面（后面）的风管用折断线断开，但断开处必须用文字注明。两根风管相交叉时，可不断开绘制，其交叉部分的不可见轮廓线可不绘出。

第 5.1.9 条 风管管径或断面尺寸宜标注在风管上或风管法兰盘处延长的细实线上。圆形风管应以“ø×××”表示，矩形风管应以“××××××”表示，前面字数应为该视图投影面的尺寸。

第 5.1.10 条 通风、空调系统如需编号时，宜用系统名称的汉语拼音字头加阿拉伯数字进行编号（如送风系统 S－1、2、3 等）。

第 5.1.11 条 平、剖面图中的局部另绘详图时，被索引部分只需标出设备部件的定位尺寸，其细部尺寸应在详图中注明。

第 5.1.12 条 设备安装图由平面图、剖面图、局部详图等组成，图中各细部尺寸应标注清楚，设备、部件应标注编号。

第二节　系统图

第 5.2.1 条 通风空调系统图中的风管，宜按比例以单线绘制。

第 5.2.2 条 系统图应表示出设备、部件、管道及配件等完整的内容。

第 5.2.3 条 系统图中的主要设备、部件均注出编号。

第 5.2.4 条 系统图宜注明管径、标高，其标注方法应与平、剖面图相同。

第 5.2.5 条 系统图中的管道，宜标注中心标高，如不标注中心标高时，应用文字说明。

第 5.2.6 条 系统图中的土建标高线，除注明其标高外，还应加文字说明。

第 5.2.7 条 系统图中的管线允许断开绘制，但断开的接头处必须用虚线连接或用文字注明。

第 5.2.8 条 系统图可分段绘制，但分段部位应与平、剖面图分段一致。

第三节　原理图

第 5.3.1 条 通风空调原理图应表明整个系统的原理和流程，但可不按比例绘制。

第 5.3.2 条 空调原理图应标出空调房间的设计参数、冷（热）源、空气处理、输送方式、控制系统之间的相互关系，以及管道、设备、仪表、部件等。

第 5.3.3 条 制冷原理图应绘出设备、仪表、部件和各种管道之间的相互关系。

第 5.3.4 条 制冷原理图中的制冷设备（主机和辅机）及主要附件，宜以示意图画出立面形状，并注明产品和代号，亦可列表编号说明，各种管道应标注管径和介质流向。

附录2 汽车库、修车库、停车场设计防火规范

第一章 防火分类和耐火等级

1.0.1 车库的防火分类应分为四类，并应符合表1.0.1的规定。

表1.0.1 车库的防火分类

类别 数量 名称	I	II	III	IV
汽车库	>300 辆	151～300 辆	51～150 辆	≤ 50 辆
修车库	>15 车位	6～15 车位	3～5 车位	≤2 车位
停车场	>400 辆	251～400 辆	101～250 辆	≤100 辆

注：甲、乙类物品的火灾危险性分类应按现行的国家标准《建筑设计防火规范》的规定执行。

1.0.2 汽车库、修车库的耐火等级应分为三级。各级耐火等级建筑构件的燃烧性能和耐火极限均不应低于表1.0.2的规定。

表1.0.2 各级耐火等级建筑物构件的燃烧性能和耐火极限（h）

构件名称		耐火等级		
		一 级	二 级	三 级
墙	防火墙	不燃烧体 3.00	不燃烧体 3.00	不燃烧体 3.00
	承重墙、楼梯间的墙、 防火隔墙	不燃烧体 2.00	不燃烧体 2.00	不燃烧体 2.00
	隔墙、框架填充墙	不燃烧体 0.75	不燃烧体 0.50	不燃烧体 0.50
柱	支承多层的柱	不燃烧体 3.00	不燃烧体 2.50	不燃烧体 2.50
	支承单层的柱	不燃烧体 2.50	不燃烧体 2.00	不燃烧体 2.00
梁		不燃烧体 2.00	不燃烧体 1.50	不燃烧体 1.00
楼板		不燃烧体 1.50	不燃烧体 1.00	不燃烧体 0.50
疏散楼梯、坡道		不燃烧体 1.50	不燃烧体 1.00	不燃烧体 1.00
屋顶承重构件		不燃烧体 1.50	不燃烧体 0.50	燃烧体
吊顶（包括吊顶格栅）		不燃烧体 0.25	不燃烧体 0.25	难燃烧体 0.15

注：预制钢筋混凝土构件的节点缝隙或金属承重构件的外露部位应加设防火保护层，其耐火极限不应低于本表相应构件的规定。

1.0.3 地下汽车库的耐火等级应为一级。

甲、乙类物品运输车的汽车库、修车库和Ⅰ、Ⅱ、Ⅲ类的汽车库、修车库的耐火等级

不应低于二级。

Ⅳ类汽车库、修车库的耐火等级不应低于三级。

第二章　采暖通风和排烟

第一节　采暖和通风

2.1.1、2.1.2 在我国北方，为了保持冬季汽车库、修车库的室内温度不影响汽车的发动，不少车库内设置了采暖系统。据调查，有相当一部分汽车库火灾，是由于车库采暖方式不当引起的。例如某市某厂的车库，采用火炉采暖，因汽车油箱漏油，室内温度较高，油蒸汽挥发较快，与空气混合成一定比例，遇明火引起火灾；又如某大学的砖木结构汽车库与司机休息室毗邻建造，用火炉采暖，司机捅炉子飞出火星遇汽油蒸汽引起火灾。

鉴于上述情况，为防止这些事故发生，从消防安全考虑，本条规定在汽车库和甲、乙类物品运输车的车库内，应设置热水、蒸汽或热风等采暖设备，不应用火炉或者其他明火采暖方式，以保证安全。

2.1.3 考虑到寒冷地区的车库，不论其规模大小，全部要求蒸汽或热水等采暖，可能会有困难，因此，允许Ⅳ类汽车库和Ⅲ、Ⅳ类修车库可采用火墙采暖，但必须采取相应的安全措施。对容易暴露明火的部位，进行甲、乙类火灾危险性生产还是不少的，如汽车喷漆、充电作业等。在北方寒冷地区冬季都要采暖，火墙的温度较高，如这些车间贴近火墙布置，有的火墙年久失修，一旦产生裂缝，可燃气体碰到火墙内的明火就会引起燃烧、爆炸，所以本条规定，甲、乙类火灾危险性的生产作业不允许贴近火墙布置。

2.1.4 修车库中，因维修、保养车辆的需要，生产过程中常常会产生一些可燃气体，火灾危险性较大，如乙炔气、修理蓄电池组重新充电时放出的氢气以及喷漆使用的易燃液体等，这些易燃液体的蒸汽和可燃气体与空气混合达到一定浓度时，遇明火就能爆炸，如汽油蒸汽爆炸下限为 1.2%～1.4%，乙炔气的爆炸下限为 2.3%～2.5%，氢气爆炸下限为 4.1%，尤以乙炔和氢气的爆炸范围幅度大，其危险性也大。所以，这些车间的排风系统应各自单独设置，不能与其他用途房间的排风系统混设，防止相互影响，其系统的风机应按防爆要求处理，乙炔间的通风要求还应按照《乙炔站设计规范》的规定执行。

2.1.5 汽车库如通风不良，容易积聚油蒸汽而引起爆炸，还会使车辆发动机启动时产生一氧化碳，影响库内工作人员的健康。因此，从某种意义上讲，汽车库内有无良好通风，是预防火灾发生的一个重要条件。

从调查了解到的汽车库现状来看，绝大多数是利用自然通风，这对节约能源和投资都是有利的，地下汽车库和严寒地区的非敞开式汽车库，因受自然通风条件的限制，必须采取机械通风方式。卫生部门要求车库每小时换气 6～10 次，根据国外资料介绍，一般情况每小时换气 6 次，足以避免由于油蒸汽挥发而引起的火灾或爆炸的危险。因此，如达到卫生标准，消防安全也有了基本保证。

组合建筑内的汽车库和地下汽车库的通风系统应独立设置，不应和其他建筑的通风系统混设。

2.1.6 通风管道是火灾蔓延的重要途径，国内外都有这方面的严重教训，如某手表厂、

某饭店等单位，都有因风道为可燃烧材料使火灾蔓延扩大的教训。因此，为堵塞火灾蔓延途径，规定风管应采用不燃烧材料制作。

防火墙、防火隔墙是建筑防火分区的主要手段，它阻止火势蔓延扩大的作用已为无数次火灾实例所证实，所以，防火墙、防火隔墙，除允许开设防火门外，不应在其墙面上开洞留孔，降低其防火作用。因考虑设有机械通风的车库里，风管可能穿越防火墙，为保证它们应有的防火作用，故规定风管穿越这些墙体时，其四周空隙应用不燃烧材料填实，并在穿过防火墙、防火隔墙处设防火阀。风管的保温材料，同样是十分重要的，为了减少火灾蔓延的途径，同样也规定风管保温材料应采用不燃烧材料或难燃烧材料。由于地下车库通风排烟困难的特点，如果地下车库的通风、空调系统的风管需保温，保温材料不得使用泡沫塑料等会产生有毒气体的高分子材料。

第二节　排烟

2.2.1 地下汽车库一旦发生火灾，会产生大量的烟气，而且有些烟气含有一定的毒性，如果不能迅速排出室外，极易造成人员伤亡事故，也给消防员进入地下扑救带来困难。根据国内20多座地下汽车库的调查，一些规模较大的汽车库，都设有独立的排烟系统，而一些中、小型汽车库，一般均与地下车库内的通风系统组合设置。平时作为排风排气使用，一旦发生火灾时，转换为排烟使用。当采用排烟、排风组合系统时，其风机应采用离心风机或耐高温的轴流风机，确保风机能在280℃时连续工作30min，并具有在超过280℃时风机能自行停止的技术措施。排风风管的材料应为不燃烧材料制作。由于排气口要求设置在建筑的下部，而排烟口应设置在上部，因此各自的风口应上、下分开设置，确保火灾时能及时进行排烟。

2.2.2 本条规定了防烟分区的建筑面积。防烟分区太小，增设了平面内的排烟系统的数量，不易控制；防烟分区面积太大，风机增大，风管加宽，不利于设计。规范修订组召集了上海市华东建筑设计院、上海建筑设计院的部分专家进行了研讨，结合具体工程，按层高为3m，换气次数为6次/（$h \cdot m^3$）计算，2000m^2的排烟量为3.6万m^3是比较合适的，符合实际情况。

2.2.3 地下汽车库发生火灾时产生的烟气，开始绝大多数积聚在车库的上部，将排烟口设在车库的顶棚上或靠近顶棚的墙面上，排烟效果更好，排烟口与防烟分区最远地点的距离是关系到排烟效果好坏的重要问题，排烟口与最远排烟地点太远，就会直接影响排烟速度，若太近，要多设排烟管道，不经济。

2.2.4 地下汽车库汽车发生火灾时，可燃物较少，排烟量不大，且人员较少，基本无人停留，设置排烟系统，其目的一方面是为了人员疏散，另一方面便于扑救火灾。鉴于地下车库的特点，经专家们研讨，认为6次/（$h \cdot m^3$）的换气次数的排烟量是基本符合汽车火灾的实际情况和需要的。参照美国NFPA88A的有关规定，其要求汽车库的排烟量也是6次/（$h \cdot m^3$），因此规范修订组将风机的排烟量定为6次/（$h \cdot m^3$）。

2.2.5 据测试，一般可燃物发生燃烧时，火场中心温度高达800～1000℃。火灾现场的烟气温度也是很高的，特别是地下汽车库火灾时产生的高温散发条件较差，温度比地上建

筑要高，排烟风机能否在较高气温下正常工作，是直接关系到火场排烟很重要的技术问题。排烟风机一般设在屋顶上或机房内，与排烟地点有相当一段距离，烟气经过一段时间方能扩散到风机，风机温度要比火场中心温度低很多。据国外有关资料介绍，排烟风机能在280℃连续工作 30min，就能满足要求，本条的规定，与《高层民用建筑设计防火规范》《人民防空工程设计防火规范》的有关规定是一致的。

排烟风机、排烟防火阀、排烟管道、排烟口，是一个排烟系统的主要组成部分，它们缺一不可，排烟防火阀关闭后，光是排烟风机启动也不能排烟，并可能造成设备损坏。所以，它们之间一定要做到相互连接，目前国内的技术已经完全做到了，而且都能做到自动和手动两用。

此外，还要求排烟口平时宜处于关闭状态，发生火灾时做到自动和手动都能打开。目前，国内多数是采用自动和手动控制的，并与消防控制中心联动，一旦遇有火警需要排烟时，由控制中心指令打开排烟阀或排烟风机进行排烟。因此凡设置消防控制室的车库排烟系统应用联动控制的排烟口或排烟风机。

2.2.6 本条规定了排烟管道内最大允许风速的数据，金属管道内壁比较光滑，风速允许大一些。混凝土等非金属管道内壁比较粗糙，风速要求小一些，内壁光滑、风速阻力要小，内壁粗糙、阻力要大些，在风机、排烟口等相同条件下，阻力越大，排烟效果越差，阻力越小，排烟效果越好。这些数据的规定，都是与《高层民用建筑设计防火规范》的有关规定相一致的。

2.2.7 根据空气流动的原理，需要排出某一区域的空气，同时也需要有另一部分的空气补充。地下车库由于防火分区的防火墙分隔和楼层的楼板的分隔，使有的防火区内无直接通向室外的汽车疏散出口，也就无自然进风条件。对这些区域，因为周边处于封闭，若排烟时没有同时进行补风，烟是排不出去的。因此，本条规定应在这些区域内的防烟分区增设进风系统，进风量不宜小于排烟量的 50%，在设计中，应尽量做到送风口在下，排烟口在上，这样能使火灾发生时产生的浓烟和热气顺利排出。

参考文献

[1] 顾洁，王晓彤，牛永红. 暖通空调设计与计算方法[M]. 北京：化学工业出版社，2018.

[2] 余晓平，居发礼. 暖通空调运行管理[M]. 杭州：浙江大学出版社，2020.

[3] 江克林. 暖通空调节能减排与工程实例[M]. 北京：中国电力出版社，2019.

[4] 史洁，徐恒. 暖通空调设计实践[M]. 上海：同济大学出版社，2021.

[5] 姜湘山，李刚. 暖通空调设计[M]. 北京：机械工业出版社，2015.

[6] 李联友. 暖通空调节能技术[M]. 北京：中国电力出版社，2013.